职业院校“双证融通”改革示范系列教材

继电控制线路装调

主　编　曹婉新
参　编　陆宇炯
主　审　周惠莉

本书以提高中等职业学校学生继电控制线路装调的能力为目的，在介绍继电控制线路的相关设备如低压电器、电动机、变压器等知识的基础上，对继电控制线路的典型控制线路及其动作原理、故障检测等进行了全面、系统、深入的介绍。全书共分为六个项目，包括认识低压电器、认识三相异步电动机、电动机的基础控制、电动机的复杂控制、双速电动机与绕线转子电动机控制、认识变压器。书中内容涉及继电控制线路的基础控制、复杂控制，内容由浅入深，层次分明，理论联系实际，选材先进典型，应用实例丰富。

本书适合作为中等职业学校电气、机电、数控及其他相关专业的教材，也可作为职业技能等级培训教材及竞赛参考用书。

为了便于教学，本书配有电子课件等教学资源，选择本书作为教材的教师可来电（010-88379195）索取，或登录 www.cmpedu.com 网站注册、免费下载。

图书在版编目（CIP）数据

继电控制线路装调/曹婉新主编. —北京：机械工业出版社，2018.8（2024.7 重印）

职业院校“双证融通”改革示范系列教材

ISBN 978-7-111-60486-0

Ⅰ.①继… Ⅱ.①曹… Ⅲ.①自动继电线路-中等专业学校-教材 Ⅳ.①TP17

中国版本图书馆 CIP 数据核字（2018）第 191722 号

机械工业出版社（北京市百万庄大街 22 号 邮政编码 100037）
策划编辑：赵红梅 责任编辑：赵红梅 韩 静
责任校对：刘雅娜 封面设计：路恩中
责任印制：刘 媛
涿州市般润文化传播有限公司印刷
2024 年 7 月第 1 版第 3 次印刷
184mm×260mm · 8.5 印张 · 207 千字
标准书号：ISBN 978-7-111-60486-0
定价：29.00 元

凡购本书，如有缺页、倒页、脱页，由本社发行部调换

电话服务
服务咨询热线：010-88379833
读者购书热线：010-88379649

网络服务
机 工 官 网：www.cmpbook.com
机 工 官 博：weibo.com/cmp1952
教育服务网：www.cmpedu.com
金 书 网：www.golden-book.com

前　言

"继电控制线路装调"是中等职业学校电气运行与控制专业及相关专业的一门专业核心课程。本书突出能力训练，以学生为主体，以"工作项目"为主线，以培养技术应用型、技术技能型人才为目标，循序渐进地介绍了继电控制线路的相关设备，如低压电器、电动机、变压器等基础知识，同时对继电控制线路中的典型控制线路及其动作原理、故障检测等进行了全面、系统、深入的介绍。通过项目式的教学方式，使学生在"做中教，做中学"的项目训练过程中，准确高效地掌握继电控制线路装调的知识和技能。本书根据专业的特点，依据课程大纲要求，结合电工中级考工、高级考工、竞赛等相关内容，选取生产实践中典型的工作任务作为项目，强调培养动手实践能力。

本书共有六个项目，分别是认识低压电器、认识三相异步电动机、电动机的基础控制、电动机的复杂控制、双速电动机与绕线转子电动机控制及认识变压器。

本书由曹婉新任主编，陆宇炯任参编。曹婉新编写了项目一至项目六的主要内容，陆宇炯主要对全书进行图表校对及审核。周惠莉审定了全稿，并提出了许多宝贵意见。

在本书编写过程中，参考了相关资料及文献，使编者从中得到了很多帮助和启示，在此一并表示感谢。

由于编者水平有限，书中难免有疏漏和欠妥之处，恳请广大读者批评指正。

编　者

目　录

项目一

认识低压电器

知识目标

（1）知道常用低压电器的种类；
（2）了解常用低压电器的结构与原理；
（3）熟悉常用低压电器的图形符号和文字符号。

技能目标

（1）能识别常用低压电器的图形符号、文字符号及实物；
（2）能正确选用常用低压电器，如刀开关、熔断器、断路器、接触器、热继电器、中间继电器、主令电器和漏电保护器等。

情感目标

（1）培养学生善于思考的能力，激发学生学习的兴趣；
（2）培养学生严谨细致、一丝不苟的学习精神。

[活动指导]

活动一　认识主令电器

【新课导入】

生活中，电梯的上下移动、快慢速度自动切换、自动停层等功能，都需要一些元器件来接通或者分断控制电路，以达到发出指令的目的。

讨论

电梯开关门动画

什么叫作主令电器？其含义是什么？列举生活中常用的主令电器。

主令电器主要用于切换控制电路，用于命令电动机及其他控制对象的起动、停止或工作状态的变换。因此，称这类发布命令的电器为主令电器。

主令电器种类很多，常用的主令电器有控制按钮、行程开关、接近开关以及万能转换开关等，如图 1-1-1 所示。

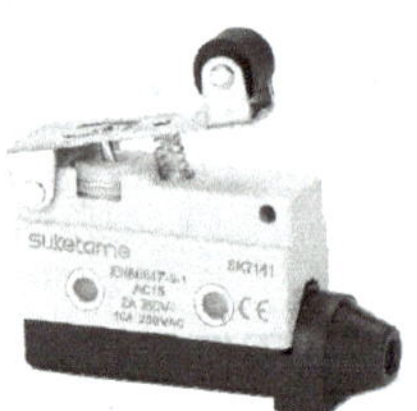

图 1-1-1　常用主令电器实物

【知识巩固】

一、按钮

1. 结构和分类

按钮是一种短时接通或分断小电流电路的电器，按钮的触点允许通过的电流较小，一般不超过 5A，因此一般情况下它不直接控制主电路的通断，而是在控制电路中发出指令或信号去控制接触器、继电器等电器，再由它们去控制主电路的通断、功能转换或电气联锁。

图 1-1-2 所示为 LA19 系列按钮的结构。

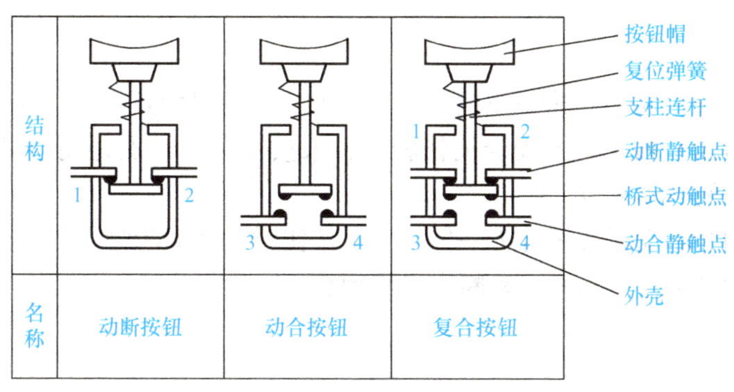

图 1-1-2 按钮的结构

按钮一般是由按钮帽、复位弹簧、动触点、静触点、外壳及支柱连杆等组成的。

常用的控制按钮有 LA10、LA18、LA19、LA20 及 LA25 等系列。

按钮按照结构型式可分为开启式（K）、保护式（H）、防水式（S）、防腐式（F）、紧急式（J）、带指示灯式（D）、旋钮式（X）和钥匙式（Y）等。

2. 符号、型号含义

按钮的电气图形符号及实物图如图 1-1-3 所示。

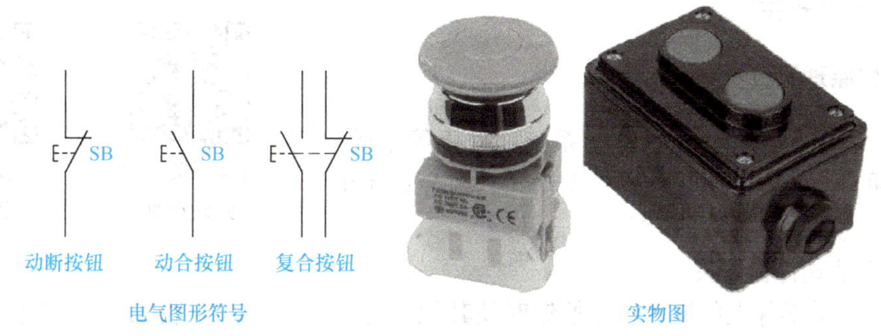

图 1-1-3 按钮

按钮的型号含义如图 1-1-4 所示，开关铭牌如图 1-1-5 所示。

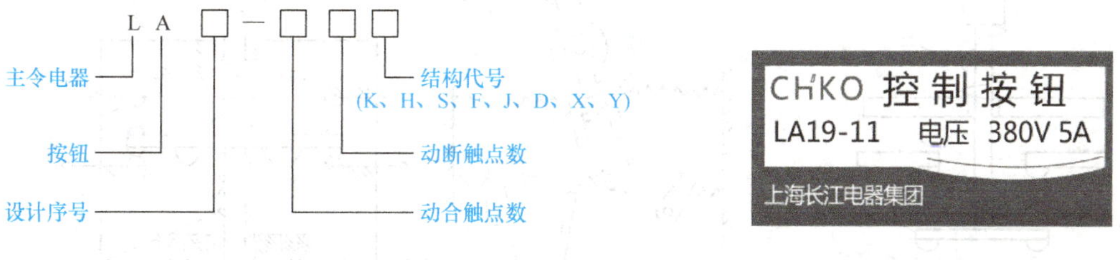

图 1-1-4 按钮的型号含义

图 1-1-5 开关铭牌

结构代号的含义：K—开启式，H—保护式，S—防水式，F—防腐式，J—紧急式，D—带指示灯式，X—旋钮式，Y—钥匙式。

3. 工作原理

动合（又称常开）按钮：未按下时，触点断开；按下时触点闭合；松开时按钮复位。

动断（又称常闭）按钮：与动合按钮相反，未按下时，触点是闭合的；按下时触点断开；当松开时，按钮自动复位。

复合按钮：动合和动断按钮合为一体，按下按钮时，其动断触点先断开，然后动合触点闭合；松开时，动合触点先断开，动断触点再闭合。

按钮结构原理动画

4. 按钮的选用

在选用按钮时，可根据以下方法进行：

- 根据使用场合选择按钮的种类，如开启式、保护式、防水式和防腐式等。
- 根据用途选用合适的形式，如手动旋钮式、钥匙式、紧急式和带指示灯式等。
- 按控制电路的需要确定不同按钮数，如单钮、双钮、三钮和多钮等。
- 按工作状态指示和工作情况要求，选择按钮和指示灯的颜色。
- 核对按钮额定电压、电流等指标是否满足要求。

嵌装在操作面板上的按钮一般选用开启式；需要显示工作状态的一般选用带指示灯式；重要场所为了防止无关人员误操作，一般选用钥匙式；在有腐蚀的场所一般选用防腐式。

二、行程开关

行程开关结构原理动画

行程开关三维模型

1. 结构原理及分类

行程开关主要由操作头、触点系统和外壳等组成。按其结构可分为直动式、滚轮式、微动式和组合式等几种类型。

（1）直动式行程开关

当外界运动部件上的撞块碰压按钮时使其触点动作，当运动部件离开后，在弹簧作用下其触点自动复位。直动式行程开关结构如图 1-1-6a 所示。

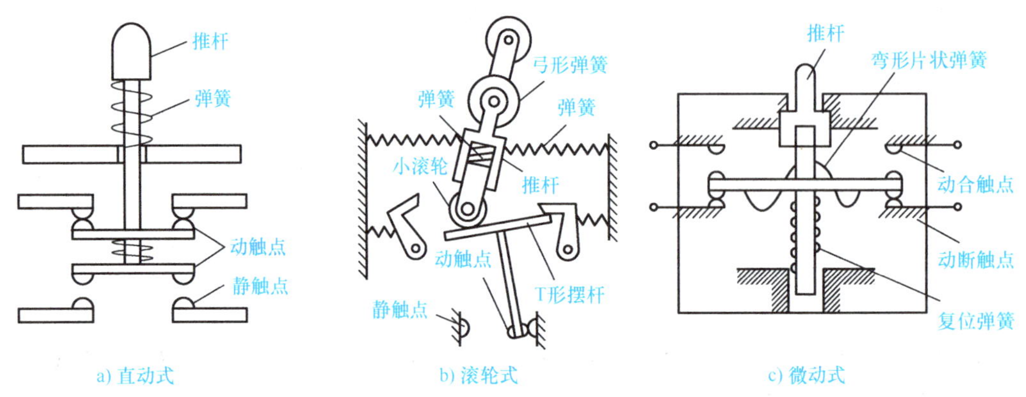

图 1-1-6　行程开关的结构组成

（2）滚轮式行程开关

如图 1-1-6b 所示，当运动机械的挡铁（撞块）压到行程开关的滚轮上时，传动杠连同转轴一同转动，使凸轮推动挡铁，当挡铁碰压到一定位置时，推动微动开关快速动作。当滚轮上的挡铁移开后，复位弹簧就将行程开关复位。这种是单轮自动恢复式行程开关。而双轮旋转式行程开关不能自动复原，它是依靠运动机械反向移动时，挡铁碰撞另一滚轮复原的。

（3）微动式行程开关

下面以常用的 LXW－11 系列产品为例，说明微动式行程开关的组成，其结构原理如图 1-1-6c 所示。

2. 技术数据及型号含义

常用行程开关的相关数据见表 1-1-1。

表 1-1-1　常用行程开关的相关数据

型　号	规　格	结构特点	触点对数	
			动合	动断
LX19K	额定电压为 380V 额定电流为 5A	按钮式	1	1
LX19－111		内侧单轮，自动复位	1	1
LX19－131		内外侧单轮，自动复位	1	1
LX19－222		外侧双轮，不能自动复位	1	1
LX19－001		无滚轮，反径向传动杆，自动复位	1	1
JLXK1		快速位置开关	1	1
LXW－11		微动式开关	1	1

行程开关铭牌如图 1-1-7 所示。常见行程开关实物图如图 1-1-8 所示。

CHKL　行程开关
LX19-111
AC380V　DC220V　5A
乐清凯蓝电气科技有限公司

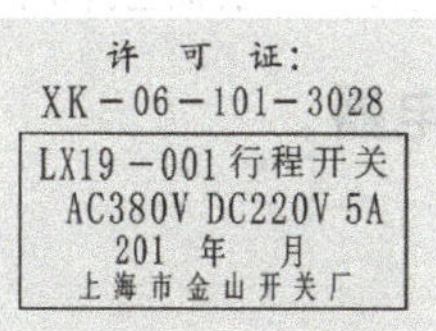

图 1-1-7　行程开关铭牌

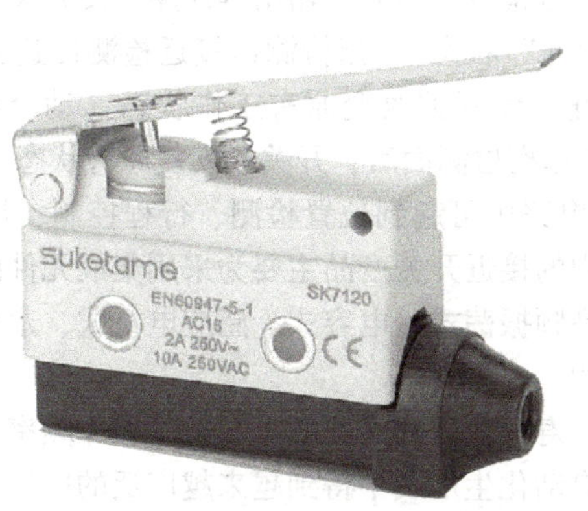

图 1-1-8　常见行程开关实物图

3. 行程开关的作用

图 1-1-9　洗衣机

行程开关主要是将机械位移转变为触点的动作信号，以控制设备的运动。

- 洗衣机（图 1-1-9）的门或盖上装了个电接点，当洗衣机工作时，一旦有人开启洗衣机的门或盖时，就自动将电动机断电，甚至还要靠机械联动使门或盖一打开就立刻“制动”，强迫转动着的部件停下来，以免造成意外伤害。
- 通常用机床上的行程开关控制工件运动或自动进刀的行程，从而避免发生碰撞事故。有时利用行程开关使被控物体在规定的两个位置之间自动换向，从而得到不断的往复运动。
- 自动运料的小车到达终点碰到终点的行程开关，接通翻车机构，就可以把车里的物料翻倒出来，并且退回到起点。小车到达起点之后又碰到起点的行程开关，把装料机构的电路接通，开始自动装车，如此循环便形成了一套自动生产线。

自动运料小车动画

4. 行程开关的选用

可按照下列要求选用行程开关：

- 根据应用场合以及相应的控制对象进行选择，如一般用途行程开关和起重设备用途行程开关。
- 根据安装环境选择结构型式，如开启式、防护式等。
- 根据机械运动与行程开关相互间的传动力与位移关系选择合适的操作头型式。
- 根据控制电路电压与电流选择相应系列。

三、其他主令电器

1. 接近开关

如图 1-1-10 所示，接近开关 LC 元件组成的振荡回路经电源供电后产生高频振荡。当检测体远离开关检测面时，振荡回路通过检波、门限、输出等回路，使开关处于某种工作状态（动合型为“断”状态，动断型为“通”状态）。当检测体接近检测面达到一定距离时，维持回路振荡的条件被破坏，振荡停止，使开关改变原有工作状态（动合型为“通”状态，动断型为“断”状态）。检测体再次远离检测面后，开关又恢复原有状态。

接近开关（图 1-1-11）在控制电路中可起到位置检测、行程控制、计数控制及检测金属物体是否存在的作用。目前，国内的接近开关产品主要为采用集成元件的 LJ5 系列。

按作用原理区分，接近开关有高频振荡式、电容式、感应电桥式、永久磁铁式和霍尔效应式等，其中以高频振荡式为最常用。

接近开关工作可靠、灵敏度高、寿命长、功率损耗小、允许操作频率高，并能适应较严酷的工作环境，故在自动化机床和自动化生产线中得到越来越广泛的应用。

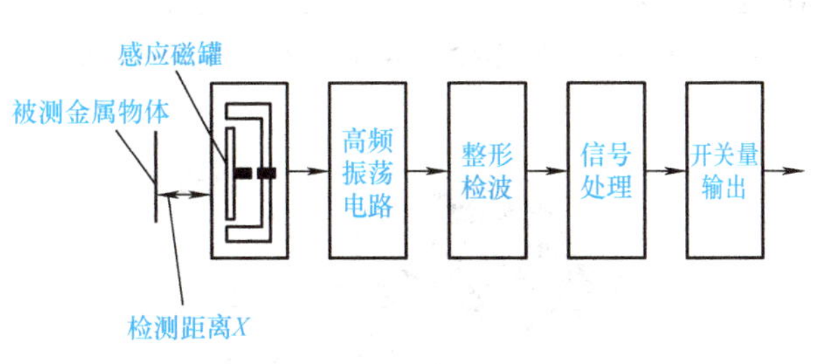

图 1-1-10 接近开关工作原理框图

图 1-1-11 接近开关

2. 万能转换开关

万能转换开关可用于控制电路的转换或功能切换、电气测量仪表的转换以及配电设备的远距离控制，亦可用于控制伺服电动机和其他小容量电动机的起动、换向以及变速等。由于这种开关触点数多，可同时控制多条控制电路，用途较广，因此称为万能转换开关。

万能转换开关由触点系统、操作机构、转轴、手柄、定位机构等主要部件组成，并用螺栓组装成整体。万能转换开关实物如图 1-1-12 所示。

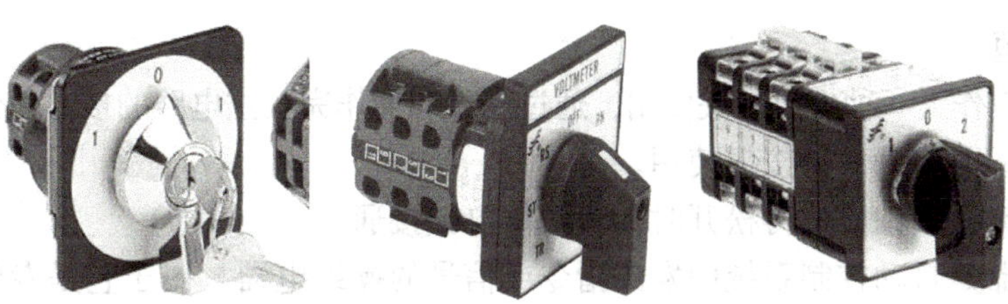
图 1-1-12 万能转换开关实物图

可按照下列要求选择万能转换开关：

- 按额定电压和工作电流等选择合适的系列。
- 按操作需要选择手柄形式和定位。
- 按控制要求确定触点数量与接线图编号。
- 按需要选择面板形式及标志。

3. 主令控制器

主令控制器（图 1-1-13）主要用于电气传动装置中，按一定顺序分合触点，达到发布命令或进行其他控制线路联锁、转换的目的。

主令控制器适用于频繁对电路进行接通和分断的场合，常配合磁力起动器对绕线转子异步电动机的起动、制动、调速及换向实行远距离控制，广泛用于各类起重机械的拖动电动机的控制系统中。

主令控制器按其结构型式（凸轮能否调节）可分为两类：一类是凸轮可调式主令控制器，另一类是凸轮固定式主令控制器。

主令控制器一般由触点系统、操作机构、转轴、齿轮减速机构、凸轮、外壳等几部分组成。

主令控制器的动作原理与万能转换开关相同，都是靠凸轮来控制触点系统的关合。但与万能转换开关相比，它的触点容量大些，操纵档位也较多。不同形状凸轮的组合可使触点按一定顺序动作，而凸轮的转角是由控制器的结构决定的，凸轮数量的多少则取决于控制线路的要求。

图 1-1-13　主令控制器实物图

【知识考核】

一、判断题

1. 按钮可以作为一种低压开关使用，通过用手动操作完成主电路的接通和分断。（　　）
2. 动断按钮可作为停止按钮使用。（　　）
3. 当按下动合按钮然后再松开时，按钮便自锁接通。（　　）
4. 主令电器是自动控制系统中发出指令或信号的操纵电器，由于它是专门发号施令的，故称为主令电器。（　　）

二、选择题

1. 按下复合按钮时，（　　）。

   A. 动合触点先闭合　　B. 动断触点先闭合

   C. 动合、动断触点同时动作　　D. 无法确定

2. 按钮帽的颜色用于（　　）。

   A. 注意安全　　B. 引起警惕　　C. 区分功能　　D. 无意义

活动二　认识熔断器

【新课导入】

熔断器是低压配电系统和电力拖动系统中的保护电器。在使用时，熔断器串联在被保护的电路中。当该电路发生过载或短路故障时，通过熔断器的电流就达到或超过某一规定值，以其自身产生的热量使熔体熔断而自动切断电路，起到保护作用。

 讨论

小区供电动画

熔断器的主要作用有哪些？它有哪些特性？使用熔断器有哪些注意事项？

【知识巩固】

一、熔断器简介

1. 结构符号

熔断器的种类很多，文字符号为 FU。按照功能不同，它一般可分为熔座（支持件）和熔体两个部分。

熔座用于安装和固定熔体，而熔体串联在电路中。当电路发生短路或者严重过载时，过大的电流通过熔体，熔体因其自身产生的热量而熔断，从而切断电路，起到短路保护作用，这就是熔断器的工作原理。

熔体是熔断器的核心部件，一般用铅、铅锡合金、锌、银、铝及铜等材料制成。熔体的形状有丝状、片状或网状等。熔体的熔点一般为 200～300℃。

2. 种类及作用

熔断器三维模型

熔断器种类很多，按其结构可分为半封闭插入式熔断器、有填料螺旋式熔断器、有填料封闭管式熔断器、无填料封闭管式熔断器等类型，如图 1-2-1 所示。

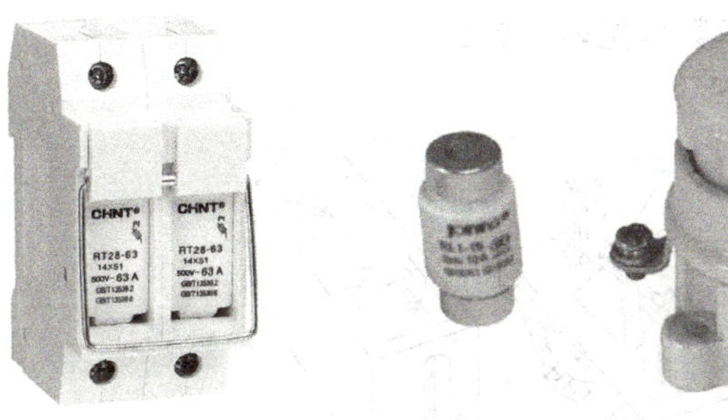

图 1-2-1　熔断器实物图

二、保护特性及主要参数

1. 保护特性

熔断器的保护特性又称为安秒特性，表示熔体熔断时间与流过熔体电流大小之间的关系，见表 1-2-1。

表 1-2-1 熔断器的熔断电流与熔断时间的数值关系

熔断电流倍数	1.25～1.3	1.6	2	2.5	3	4	5
熔断时间	∞	1h	40s	8s	4.5s	2.5s	1s

从表中可以看出，熔断器的熔断时间随流过熔体电流的增加而减小。

熔断器对过载反应不是很灵敏，当电气设备发生轻度过载时，熔断器将持续很长时间才熔断，因此，除在照明电路中外，熔断器一般不宜作为过载保护，主要用作短路保护。

2. 主要参数

额定电压 U_N：这是从灭弧角度出发规定熔断器所在电路工作电压的最高限额。如果线路的实际电压超过熔断器的额定电压，一旦熔体熔断，有可能发生电弧不能及时熄灭的现象。

额定电流 I_N：实际上是指熔座的额定电流，这是由熔断器长期工作所允许的温升决定的电流值。配用的熔体的额定电流应小于或等于熔断器的额定电流。

熔体的额定电流 I_{RN}：是熔体长期通过而不熔断的最大电流。生产厂家生产不同规格的熔体供客户选择使用。

极限分断能力：极限分断能力是指熔断器所能分断的最大短路电流值。极限分断能力的大小与熔断器的灭弧能力有关，而与熔体的额定电流值无关。熔断器的极限分断能力必须大于线路中可能出现的最大短路电流值。

三、常用熔断器

1. 半封闭插入式熔断器

半封闭插入式熔断器也称为磁插式熔断器，其结构如图 1-2-2 所示。它由瓷质底座和瓷插件两部分构成，熔体安装在瓷插件内。熔体通常用铅锑合金或铅合金等制成，有时也用熔丝作为整体。部分常用熔体技术数据见表 1-2-2。

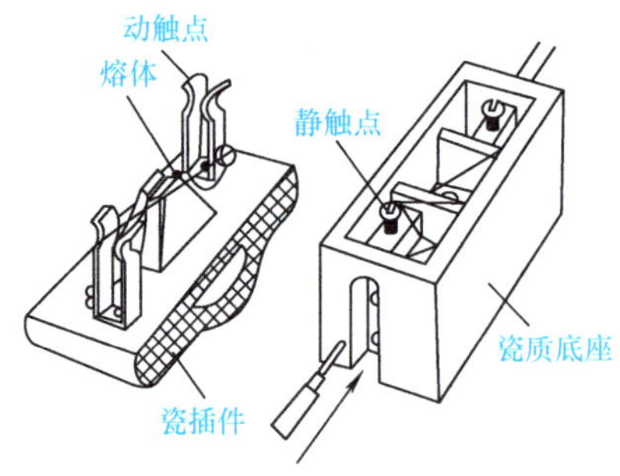

图 1-2-2 半封闭插入式熔断器结构图

表 1-2-2 部分常见熔体的技术数据

种　类	铅锑合金												
直径/mm	0.15	0.25	0.52	0.71	0.98	1.25	1.51	1.98	2.4	2.78	3.14	3.81	4.44
额定电流/A	0.5	0.9	2	3	5	7.5	10	15	20	25	30	40	50

半封闭插入式熔断器结构简单，价格低廉，体积小，带电更换熔体方便，且具有较好的保护特性，主要用于中小容量的控制电路和小容量低压分支电路中。

2. 螺旋式熔断器

螺旋式熔断器结构及外形图如图 1-2-3 所示。它由瓷质底座、瓷帽、瓷套和熔体组成。熔体安装在熔体瓷质熔管内，熔管内部充满起灭弧作用的石英砂。熔体自身带有熔体熔断指示装置。螺旋式熔断器是一种有填料封闭管式熔断器，其结构较瓷插式熔断器复杂。

螺旋式熔断器有较好的抗振性能，灭弧效果与断流能力均优于瓷插式熔断器，被广泛用于机床电气控制设备中。

螺旋式熔断器在接线时，电源进线端接在瓷质底座的下接线端上，负载线接在与金属螺纹壳相连的上接线端上。

常用螺旋式熔断器的型号有 RL6、RL7、RLS2 系列。

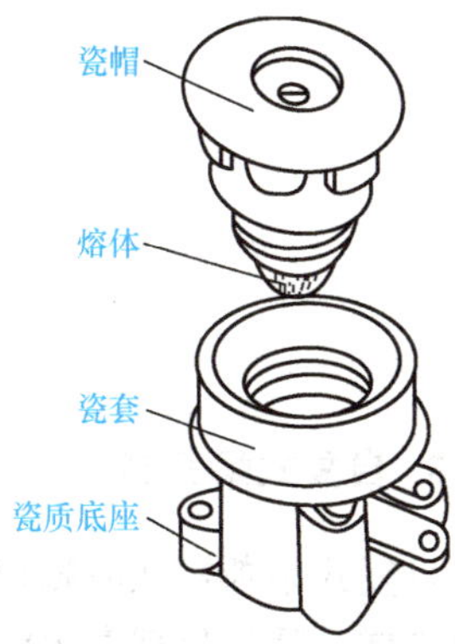

图 1-2-3　螺旋式熔断器结构及外形图

3. 有填料封闭管式熔断器

有填料封闭管式熔断器如图 1-2-4 所示，主要由瓷质底座、熔体等部分组成。熔体安放在瓷质熔管内，熔管内部充满石英砂填料。这种填料在熔体融化时能迅速吸收电弧能量，使电弧很快熄灭。

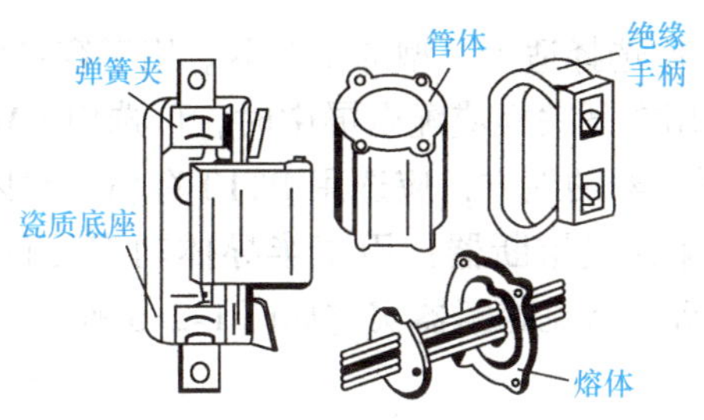

图 1-2-4　有填料封闭管式熔断器

有填料封闭管式熔断器具有熔断迅速、分断能力强、无声光等良好性能，但结构较复杂、价格昂贵。它主要用于供电线路及要求分断能力较高的配电设备中。

常用有填料封闭管式熔断器的型号有 RT0、RT12、RT14、RT15、RT20 等。

4. 无填料封闭管式熔断器

无填料封闭管式熔断器以 RM10 为例，它主要由熔断管、熔体、夹座等部分组成，外形结构如图 1-2-5 所示。

RM10 系列熔断器主要有两个特点：一是采用钢纸管作为熔断管，当熔体熔断时，钢纸管内部在电弧热量的作用下产生高压气体，使电弧迅速熄灭；二是采用变截面锌片作为熔体，当电路发生短路故障时，锌片几处狭窄部位同时熔断形成空隙，因此灭弧容易。

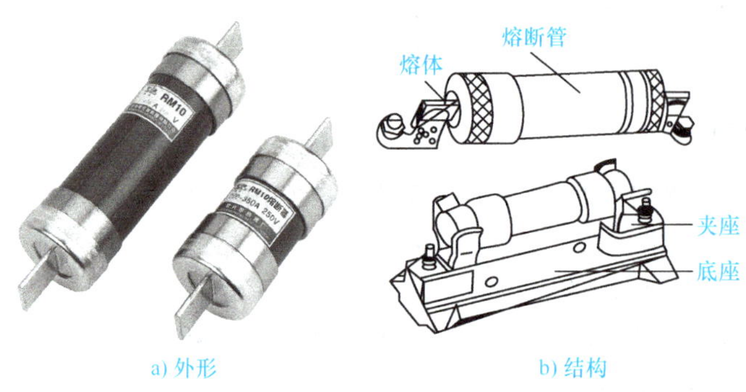

a) 外形　　b) 结构

图 1-2-5　RM10 熔断器的外形及结构图

5. 自复式熔断器

自复式熔断器在故障短路电流产生的高温下，其中的局部液态金属钠迅速气化而蒸发，阻值剧增，瞬间呈现高阻状态，从而限制了短路电流。当故障消失后，温度下降，金属钠蒸汽冷却并凝结，自动恢复至原来的导电状态。它主要用于交流 380V 电路中与断路器配合使用。熔断器的电流有 100A、200A、400A、600A 四个等级。

四、熔断器的选用

1. 种类的选择

根据使用环境和负载性质选择适当类型的熔断器。用于容量较小的照明线路时，可选用 RC1A 系列插入式熔断器；用在开关柜或配电屏中时，可选用 RM10 系列无填料封闭管式熔断器；对电流较大或有易燃电器的地方，应选用 RT10 有填料封闭管式熔断器；在机床控制电路中，多选用 RL1 系列螺旋式熔断器；用于半导体功率元件及晶闸管保护时，则选用 RLS 或 RS 系列快速熔断器等。常见熔断器实物如图 1-2-6 所示。

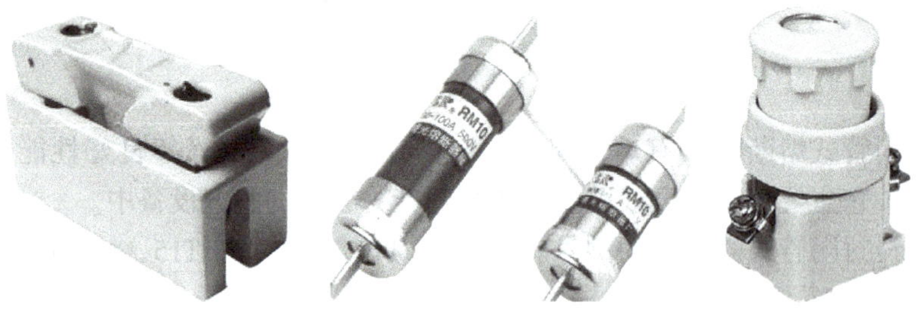

图 1-2-6　常见熔断器实物图

2. 参数的选择

1）额定电压的选择：熔断器额定电压 U_N 应大于或等于线路的工作电压 U_L，即 $U_N \geqslant U_L$。

2）额定电流的选择：熔断器的额定电流 I_N 必须大于或等于所装熔体额定电流 I_{RN}，即 $I_N \geqslant I_{RN}$。

3）熔体额定电流 I_{RN} 的选择：

● 当熔断器保护电阻性负载时，熔体额定电流等于或者稍大于电路的工作电流即可，即 $I_{RN} \geqslant I_L$。

● 当熔断器保护一台电动机时，熔体的额定电流可按下式计算，即 $I_{RN} \geqslant (1.5 \sim 2.5) I'_N$，其中 I'_N 为电动机额定电流。

● 当熔断器保护多台电动机时，熔断器额定电流可按下式计算，即 $I_{RN} \geqslant (1.5 \sim 2.5) I_{MN} + \Sigma I'_N$，其中 I_{MN} 为容量最大的电动机的额定电流，$\Sigma I'_N$ 为其余电动机的额定电流之和。

五、使用注意事项

1）低压熔断器（图 1-2-7）的额定电压应与线路电压吻合，不能低于线路电压。

2）熔体的额定电流不可大于熔体（支持件）的额定电流。

3）熔断器的极限分断能力应高于被保护线路的最大短路电流。

4）安装熔断体时注意不要使其受机械损伤，较柔和的铅锡合金丝尤其如此，以免发生误动作。

5）安装时应保证熔体和触刀以及触刀和刀座接触良好，避免因接触电阻过大而使温度过高，发生误动作。

6）当熔断器已经熔断或已经严重氧化，需要更换熔体时，注意更换熔体规格要与旧熔体规格相同，以保证动作的可靠性。

7）更换熔体或熔管必须在不带电的情况下进行，即使有熔断器允许在带电的情况下取下，也必须在电路切断后进行。

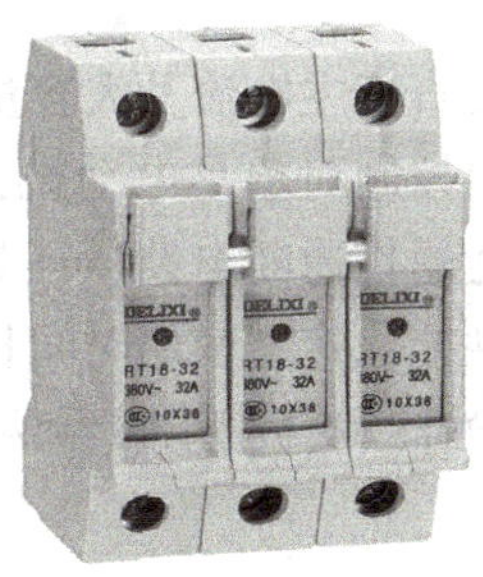

图 1-2-7　低压熔断器实物图

【知识考核】

选择题

1. 熔体的熔断时间与（　　）。

   A. 电流成正比　　B. 电流成反比

   C. 电流的二次方成正比　　D. 电流的二次方成反比

2. 半导体元件的短路或过载应采用（　　）熔断器。

A. RL1 系列　　B. RT10 系列
C. RLS 系列　　D. RM10 系列

3. RL1 系列熔断器的熔管内填充石英砂是为了（　　）。
A. 绝缘　　B. 防护
C. 灭弧　　D. 散热

活动三　认识交流接触器

【新课导入】

接触器分为交流接触器和直流接触器，主要应用于电力、配电与用电场合。接触器广义上是指工业用电中利用线圈流过电流产生磁场，使触点闭合，以达到控制负载目的的电器。

讨论

交流接触器的主要作用有哪些？交流接触器由哪些模块组成？怎样选用交流接触器？

【知识巩固】

一、交流接触器简介

接触器是用来频繁遥控或断开交直流主电流及大容量控制电路的自动控制电路。接触器在电力拖动与自动控制系统中的主要控制对象是电动机，也可用于控制电路设备、电焊机、电容器组等其他负载。接触器不仅能遥控通断电路，还具有欠电压保护和零电压保护功能，并且具有操作频率高、工作可靠、性能稳定、使用时间长、维护方便等优点。接触器按主触点通过电流的种类，可分为交流接触器和直流接触器两种。图 1-3-1 所示是型号为 CJX2－0910 的交流接触器的外形图。

图 1-3-1　交流接触器外形图

二、交流接触器结构符号

1. 结构组成

交流接触器主要由电磁系统、触点系统、灭弧装置及其他附件等部分组成。其结构外形如图 1-3-2 所示。

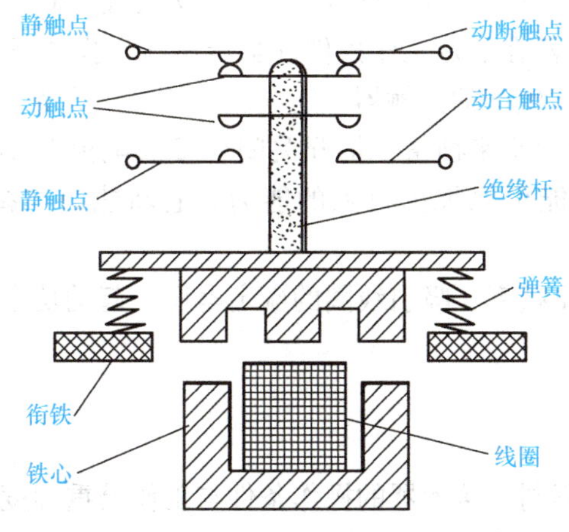

图 1-3-2 交流接触器结构图

1）触点系统：用来接通和断开电路，包括主触点和辅助触点。

2）电磁系统：由线圈、铁心、衔铁构成，用来操纵触点的闭合与断开。

3）灭弧装置：交流接触器在断开大电流或高电压时，会产生很强的电弧。灭弧装置的作用是熄灭触点分断时的电弧。

4）辅助部件：主要包括弹簧、传动机构及外壳等。

2. 符号

接触器的线圈、主触点、辅助动合触点、辅助动断触点图形符号及文字符号如图 1-3-3 所示。

接触器三维结构

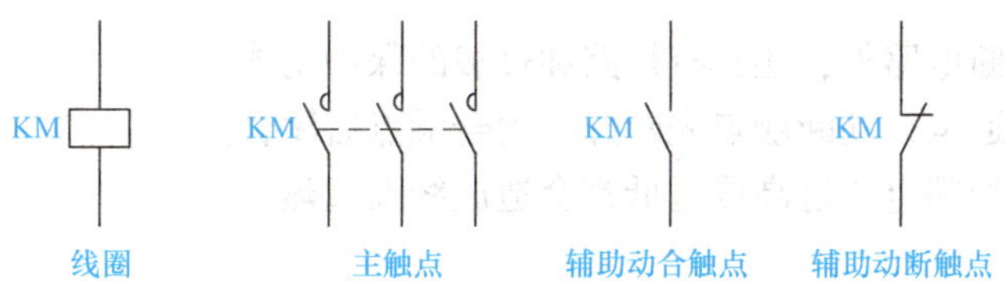

图 1-3-3 交流接触器的图形符号和文字符号

三、交流接触器工作原理

线圈通电时，静铁心产生电磁吸力，将动铁心吸合，由于触点系统是与动铁心联动的，因此动铁心带动 2 个动触片同时动作，主触点闭合，和主触点机械相连的辅助动断触点断开，辅助动合触点闭合，从而接通电

接触器工作原理动画

源。当线圈断电时，吸力消失，动铁心联动部分依靠弹簧的反作用力而分离，使主触点断开，和主触点机械相连的辅助动断触点闭合，辅助动合触点断开，从而切断电源。

四、技术参数

交流接触器的主要参数有额定电压、额定电流、通断能力、机械寿命与电寿命等。

1）额定电压：指在规定电压条件下，能保证电气设备能够正常工作的电压值。它与接触器的灭弧能力有很大的关系。交流接触器额定电压为交流380V、660V、1140V等。

2）额定电流：指接触器在额定工作条件（额定电压、操作频率、使用类别、触点寿命等）下的电流值。目前我国生产的接触器额定电流一般小于或等于630A。

3）通断能力：以电流大小来衡量，指开关闭合接通电流时不会造成触点熔焊的能力；断开能力是指断开电流时能可靠熄灭电弧的能力。通断能力与接触器的结构及灭弧方式有关。

此外，常见的还有操作频率、吸引线圈的额定电压、起动功率、吸持功率和线圈消耗功率、寿命等参数。

五、选用原则

使用场合及控制对象不同，接触器的操作条件与工作繁重程度也不相同，因此使用接触器时需要根据实际工作条件正确选用。

选用原则：

1）根据被接通或分断电流的种类选择接触器的类型。

2）根据被控制电路中电流大小和使用类别来选择接触器的额定电流。接触器的额定电流应大于或等于电动机（负载）的额定电流。

3）根据被控制电路中电压等级来选择接触器的额定电压。接触器的额定电压应大于或等于负载的额定电压。

4）根据控制电路的电压等级来选择接触器线圈的额定电压。

【知识考核】

一、判断题

1. 接触器除通断电路外，还具有短路和过载的保护功能。（　）
2. 接触器线圈通电，动断触点先断开，动合触点后闭合。（　）
3. 交流接触器线圈电压过高或过低都会造成线圈过热。（　）

二、选择题

1. 交流接触器短路环的作用是（　　）。

   A. 短路保护　　B. 消除铁心振动

   C. 增大铁心磁通　　D. 减小铁心磁通

2. 常用短路保护电器为（　　）。

   A. 刀开关　　B. 熔断器　　C. 接触器　　D. 热继电器

3. 交流接触器动铁心吸合后线圈中的电流未吸合时的电流比（　　）。

   A. 大于1　　B. 小于1　　C. 等于1　　D. 无法确定

4. 对交流接触器而言，若操作频率过高会导致（ ）。

A. 铁心过热 B. 线圈过热 C. 主触点过热 D. 控制触点过热

活动四 认识继电器

【新课导入】

继电器是一种电控器件，是当输入量的变化达到规定要求时，在电气输出电路中使被控量发生预定的阶跃变化的一种电器，具有控制系统和被控制系统之间的互动关系。继电器通常应用于自动化控制电路中，它实际上是用小电流去控制大电流运作的一种“自动开关”，在电路中起着自动调节、安全保护、转换电路等作用。

讨论

我们所知道的继电器有哪些？它们各自的结构组成是怎样的？它们有哪些特点及作用，分别应用于哪些场合？

【知识巩固】

一、电磁式继电器

1. 电磁式继电器简介

电磁式继电器包含电流继电器、电压继电器、中间继电器以及通用继电器等。结构与接触器相似，由电磁系统、触点系统和反作用力系统组成。其中，电磁系统为感测机构，由于其触点主要用于小电流电路中，因此不专门设置灭弧装置。电磁式继电器具有体积小、动作灵敏、触点数量多等特点。它的电气符号及文字符号如图 1-4-1 所示。

图 1-4-1 继电器的电气符号及文字符号

2. 电磁式继电器的种类

（1）通用电磁式继电器

如图 1-4-2 所示，通用电磁式继电器主要由线圈、静铁心、动铁心（衔铁）、触点系统和反作用弹簧等组成。

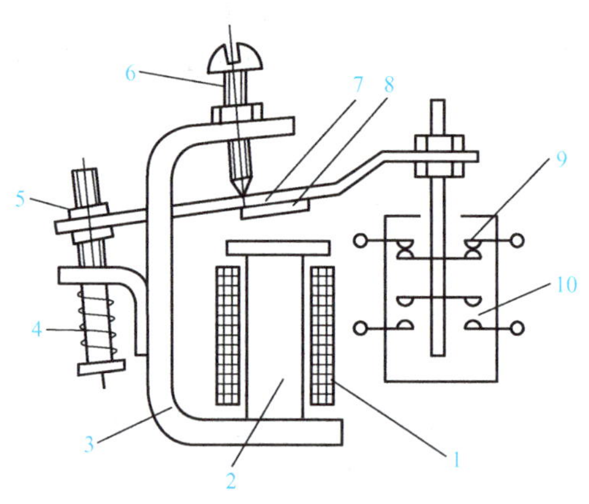

图 1-4-2 通用电磁式继电器结构示意图

1—线圈 2—铁心 3—磁轭 4—弹簧 5—调节螺母 6—调节螺钉
7—衔铁 8—非磁性垫片 9—动断触点 10—动合触点

● 若线圈为电压线圈（并联在线路中，匝数多，线径细），则组成电压继电器；若线圈为电流线圈（串联在线路中，匝数少，线径粗），则组成电流继电器。

● 通用继电器在衔铁上装有非磁性垫片；通过调节反作用弹簧的弹力、止动螺钉的位置或非磁性垫片的厚度，可以达到改变继电器动作值和释放值的目的。

通用继电器的常用型号有 JT3、JT4、JT17、JT18 系列等。

（2）电流继电器

电流继电器外形图如图 1-4-3 所示。根据功能的不同，电流继电器可分为过电流继电器和欠电流继电器。过电流继电器在正常工作时，衔铁不吸合；当线圈的电流超过整定值时，衔铁吸合，带动触点动作，切断电路，起到过载保护作用。欠电流继电器在电路正常时，衔铁处于吸合状态；当电流低于整定值时，衔铁释放，触点复位，起到欠电流保护作用。电流继电器的动作值与释放值可通过调整反作用弹簧来调整。旋紧弹簧，吸合电流和释放电流都提高。

电流继电器根据电路中电流的大小动作或释放，使用时将线圈串联在被控电路中，主要用于电路中过电流或欠电流的保护。

图 1-4-3 电流继电器外形图

(3) 电压继电器

线圈并联在被控电路中，根据电压大小而动作的继电器称为电压继电器，其外形图如图 1-4-4 所示。根据应用要求，电压继电器分为过电压继电器和欠电压继电器两种。

当电路电压正常时，过电压继电器衔铁不吸合；当电路负载超过规定值时，衔铁吸合，触点动作，切断电路，起到过电压保护作用。在电路正常时，欠电压继电器衔铁吸合；当电路电压低于规定值时，衔铁释放，触点动作，切断电路，起到欠电压保护作用。

交流接触器、中间继电器本身也具有欠电压和过电压保护的功能，因此，在机床控制电路中，常用交流接触器或中间继电器代替过电压或欠电压继电器进行过电压或欠电压保护。

(4) 中间继电器

中间继电器是一种动作值与释放值不能调节的电压继电器，其外形如图 1-4-5 所示。中间继电器的触点数量较多，可以将一路信号转变为多路信号，以满足控制要求；触点额定电流比线圈额定电流大，可以用来放大信号；对于工作电流小于 5A 的控制电路，可用中间继电器代替接触器。中间继电器主要用于传递控制过程中的中间信号，在选用中间继电器时，线圈额定电压应满足电路要求，所需触点数量、种类、容量应满足被控制电路的要求，此外，还要考虑电源种类（交流还是直流）。

图 1-4-4　电压继电器外形图

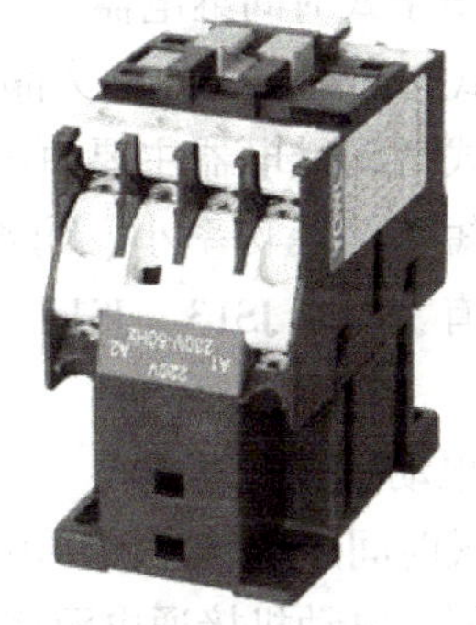

图 1-4-5　中间继电器外形图

二、时间继电器

1. 认识时间继电器

时间继电器又称延时继电器，在电路中起着控制电路延时动作的作用。

按动作原理可分为电磁式、电子式、电动式、空气阻尼式等继电器；按延时方式可分为通电延时、断电延时两类继电器。

时间继电器的外形、图形符号及文字符号如图 1-4-6 所示。

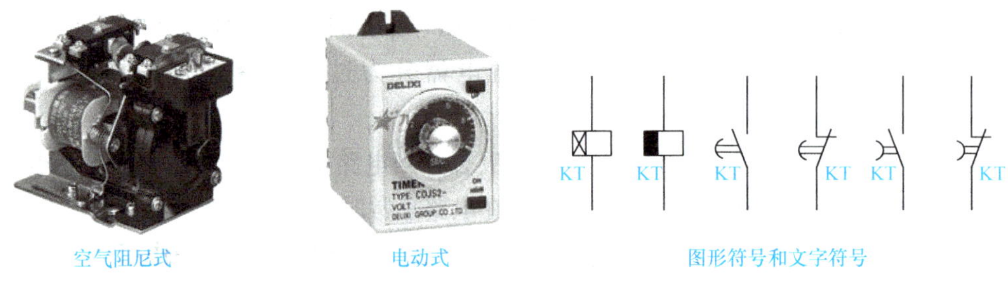

空气阻尼式　　电动式　　图形符号和文字符号

图 1-4-6　时间继电器的外形、图形符号及文字符号

2. 时间继电器的种类

(1) 空气阻尼式时间继电器

时间继电器工作原理动画

空气阻尼式时间继电器也叫作空气式时间继电器或气囊式时间继电器。

空气阻尼式时间继电器延时时间长、价格低廉、整定方便，主要用于延时精度不高的场合。常用型号有 JS7、JS16、JS23 等。

当电磁机构的线圈通电后，依靠空气阻尼器的阻尼作用使触点延时动作。以 JS7 - A 型时间继电器为例，观察时间继电器的结构原理动画。

(2) 电子式时间继电器

电子式时间继电器也称为晶体管式时间继电器或半导体式时间继电器。

电子式时间继电器主要由电子元件组成，具有机械结构简单、延时范围广、精度高、返回时间短、消耗功率小、耐冲击、调节方便和寿命长等特点。常用的电子式时间继电器的型号有 JS20、JS13、JS14、JS14P 和 JS15 等国产系列，国外引进产品有 ST、HH、AR 等系列。

(3) 电动式时间继电器

电动式时间继电器由同步电动机、传动机构、离合器、凸轮、调节旋钮和触点等几部分组成。当同步电动机接通电源信号后，即带动传动机构一起转动，经过一定延时，凸轮推动机构动作，使继电器的触点动作，发出信号。

电动式时间继电器调整方便、重复精度高、延时范围大，但结构复杂、寿命短、受电源频率影响较大。常用型号有 JS - 11、JS - 17、7PR4040 和 7PR4140 系列等。

3. 时间继电器的选用

(1) 延时方式的选用

根据控制电路的需要选择通电延时型或断电延时型，瞬时动作触点的数目也要满足要求。

(2) 类型的选用

对延时精度不高的场合，可以选用空气阻尼式时间继电器；对延时精度要求较高的场合，一般可选用晶体管式时间继电器。

(3) 工作电压的选用

根据控制电路的电压选择吸引线圈或工作电源电压。

三、热继电器

1. 认识热继电器

热继电器是防止线路或电气设备长时间过载的低压保护电器，具有体积小、结构简单、成本低等优点。主要用于电动机的过载保护、断相保护以及电流不平衡运行保护。热继电器的外形、图形及文字符号如图 1-4-7 所示。

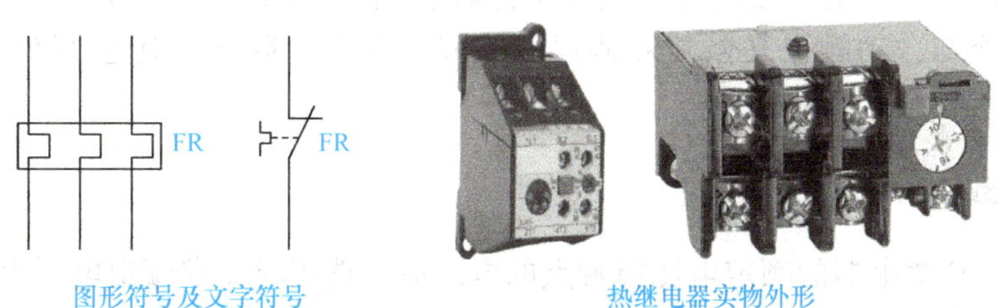

图形符号及文字符号　　热继电器实物外形

图 1-4-7　热继电器的外形、图形及文字符号

热继电器种类很多，按相数来分有单相式、两相式和三相式三种类型，三相式热继电器按职能来分又有不带断相保护和带断相保护两种类型。

2. 热继电器的结构

如图 1-4-8 所示，热继电器主要由热元件、动作机构、触点系统、整定调整装置及手动复位装置等组成。

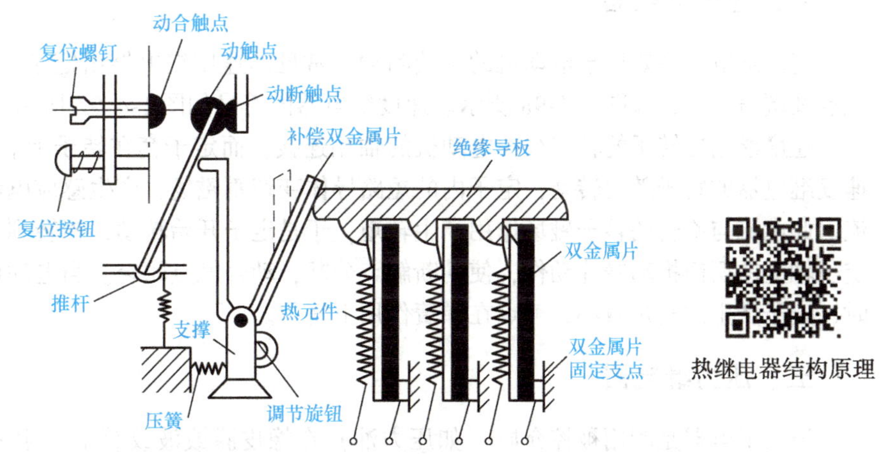

图 1-4-8　热继电器结构原理图

热元件：热元件是热继电器的主要部分，它由双金属片及绕在外面的电阻丝组成。

触点系统：触点系统由静触点和动触点组成，是热继电器的输出结构。

动作机构：将双金属片的动作传到动作触点。

手动复位装置：图中复位按钮用来使动作后的动触点复位。

整定调整装置：通过调整推杆间隙，改变推杆移动距离，实现电流整定值的调节，从而调整过载保护电流的大小。

3. 工作原理

热继电器在工作时，如果电动机过载，主电路电流超过额定值，会使热继电器的双金属片过热。双金属片受热膨胀弯曲变形，推动绝缘导板，使推杆顶向动触点上的铜片，动、静触点分断。热继电器的动断触点和主电路中的吸引线圈串联，所以当热继电器动作后，接触器的主触点也随之断开，电动机停转，达到过载保护的目的。电动机断电后，双金属片散热冷却，动触点又恢复和静触点接触。此外，除了采用自复位外，也可以采用手动复位。

4. 主要参数

额定电压：热继电器的额定电压指触点的电压值，选用时要求额定电压大于或等于触点所在电路的额定电压。

额定电流：指允许装入的热元件的最大额定电流值。每一种额定电流的热继电器可以装入几种不同电流规格的热元件。选用时要求额定电流大于或等于被保护电动机的额定电流。

热元件规格：用电流值表示，它指热元件允许长时间通过的最大电流值。选用时一般要求其电流规格小于或者等于热继电器的额定电流。

整定电流：指长期通过热元件又刚好使热继电器不动作的最大电流值。热继电器的整定电流要根据电动机的额定电流、工作方式等情况调整而定，一般情况下可按电动机额定电流值整定。

四、速度继电器

速度继电器主要用于电动机的反接制动。常见的速度继电器由定子、转子、可动支架、触点及端盖组成，如图 1-4-9a 所示。速度继电器的符号如图 1-4-9b 所示。

速度继电器转子的轴与被控电动机的轴相连接，而定子套在转子上。当电动机转动时，速度继电器的转子随之转动，定子内的短路导体变切割磁场，产生感应电动势，从而产生电流。此电流与旋转的转子磁场作用产生转矩，于是定子开始转动，当转到一定角度时，装在定子轴上的摆锤推动簧片动作，使动断触点分断，动合触点闭合。当电动机转速低于某一值时，定子产生的转矩减小，触点在弹簧作用下复位。

五、压力继电器

压力继电器是利用被控介质（如压力油）在橡皮膜或波纹管上产生的压力与弹簧的反作用力相互平衡的原理而工作的，用来测量（反映）被控介质的压力。

其工作原理为：当被控介质的压力升高，使作用于橡皮膜上的压力大于压缩弹簧的压力时，从而使顶杆向上移动，推动微动开关动作，使微动开关的触点状态发生变化，从而给控制电路发出一个动作信号，输出给被控主电路。

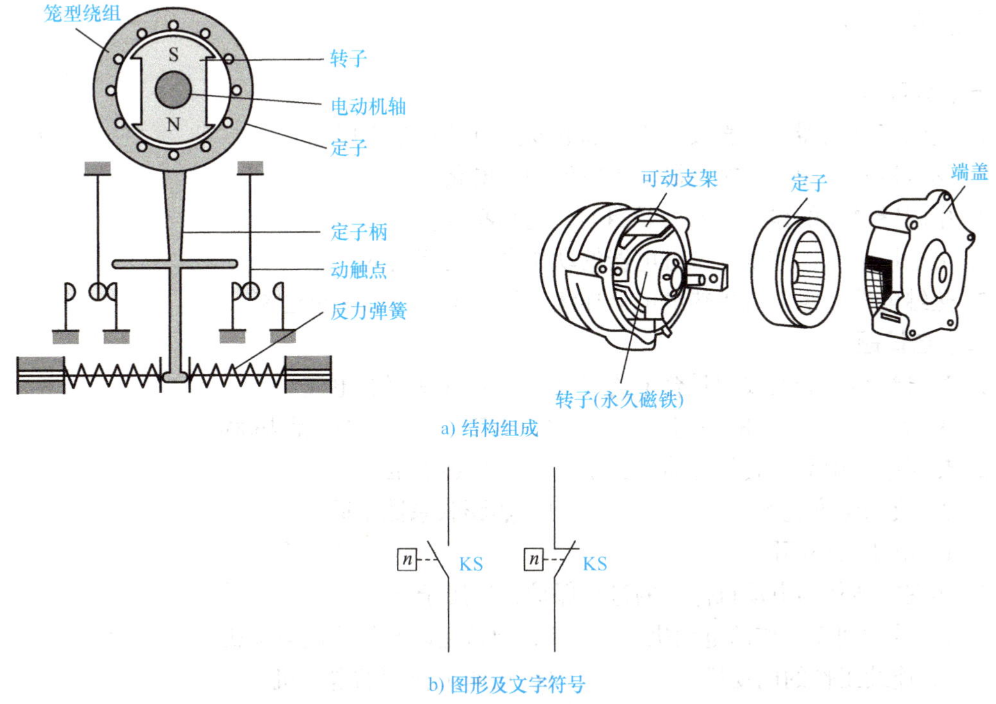

图 1-4-9 速度继电器的结构、图形及文字符号

压力继电器的动作原理与按钮或者行程开关相似，只是动作力源不同而已。图 1-4-10 所示为压力继电器的结构示意图。

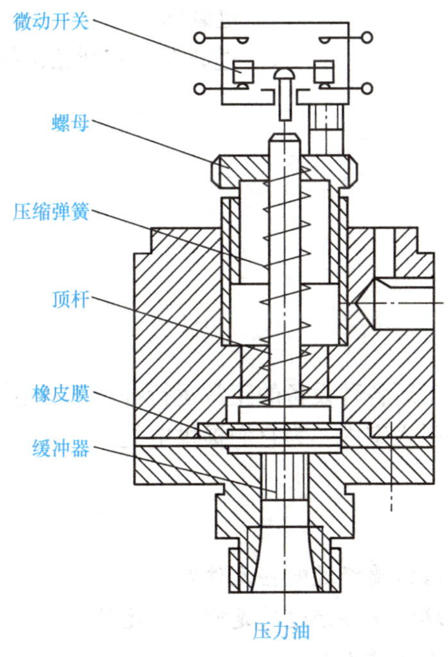

图 1-4-10 压力继电器的结构示意图

【知识考核】

一、判断题

1. 过电流继电器可以直接用来接通和断开电动机主电路。 ( )
2. 继电器不能用来直接控制较大电流的主电路。 ( )
3. 中间继电器的输入信号为线圈的通电和断电。 ( )
4. 欠电压继电器和零电压继电器的动作电压是相同的。 ( )
5. 热继电器整定电流指热继电器连续工作而不动作的最小电流。 ( )

二、选择题

1. 过电流继电器的线圈吸合电流应（　　）线圈释放电流。

   A. 大于　　B. 小于　　C. 等于　　D. 无法确定

2. 热继电器中双金属片弯曲是由于（　　）造成的。

   A. 机械强度过大　　B. 热膨胀系数不同

   C. 电压大小不同

3. 热继电器作为电动机保护的过载保护，适用于（　　）。

   A. 重载间断工作的电动机　　B. 频繁起动与停止的电动机

   C. 连续工作的电动机　　D. 任何工作制的电动机

4. 速度继电器的作用是（　　）。

   A. 限制运行速度　　B. 测量运行速度

   C. 电动机的反接制动　　D. 控制电动机转向

5. 热继电器在电动机控制的电路中不能作为（　　）。

   A. 短路保护　　B. 过载保护

   C. 断相保护　　D. 过载保护和断相保护

活动五　认识低压断路器

【新课导入】

在生活中，家用电器、工厂各种设备的正常运行都离不开电。要想使各种用电设备能够正常工作，需将电能从户外引入室内，为它们提供电能。

讨论

- 户外电能进入室内电路需要经过哪些元件？
- 户外电能引入室内电路首先要经过的是哪一个元件？
- 该元件有哪些特点？有何作用？

【知识巩固】

一、低压断路器

1. 分类及作用

低压断路器俗称自动空气开关，它既能通、断电路，起到手动开关的作用，又能起到欠电压、失电压、过载和短路保护的作用。

按结构分类，低压断路器可分成塑壳式和框架式断路器；按用途分类，低压断路器可分为配电用、电动机保护用、照明用断路器，一般电动机保护用、照明用的断路器是塑壳式断路器。在机床电气控制中，常用塑壳式断路器作为电源引入开关。

低压断路器的实物外形如图 1-5-1 所示，图形及文字符号如图 1-5-2 所示。

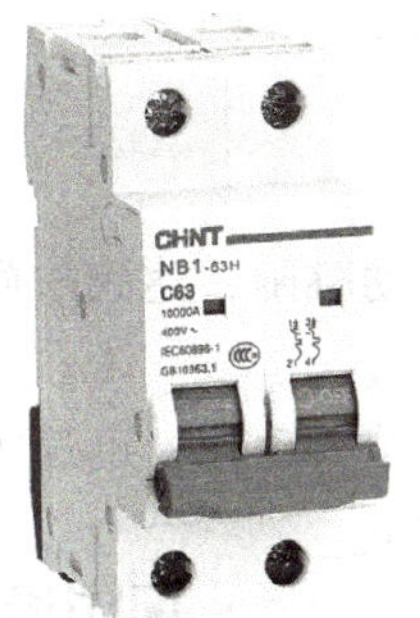

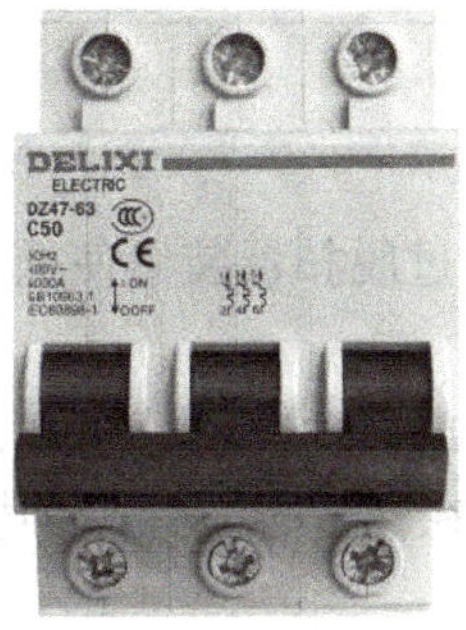

图 1-5-1　低压断路器实物外形

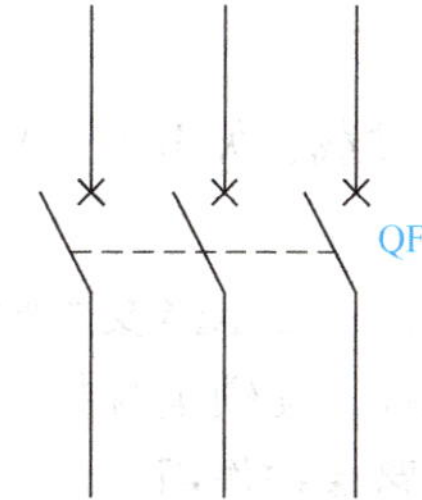

图 1-5-2　图形及文字符号

2. 基本结构

如图 1-5-3 所示，低压断路器主要由触点系统、灭弧装置、操作机构、脱扣器、绝缘外壳等组成。

触点系统：用于接通和断开电路。

灭弧装置：常用灭弧方式有窄缝灭弧、金属栅片灭弧。

操作机构：用于实现断路器的闭合与断开，有手动操作机构、电动操作机构、电磁铁操作机构等。

脱扣器：是断路器的感测元件，用来感测电路的特定信号，电路中一旦出现非正常信号，相应的脱扣器动作，通过联动装置使断路器自动跳闸切断电路。断路器的热脱扣器用于过载保护，整定电流的大小由电流调节装置调节；电磁脱扣器的主要作用是短路保护；欠电压脱扣器用作零压和欠电压保护，具有欠电压脱扣器的断路器，在欠电压脱扣器两端无电压或电压过低时不能接通电路。

3. 基本工作原理

低压断路器通过手动或者电动等操作可使断路器合闸，从而使线路接通。当电路发生故

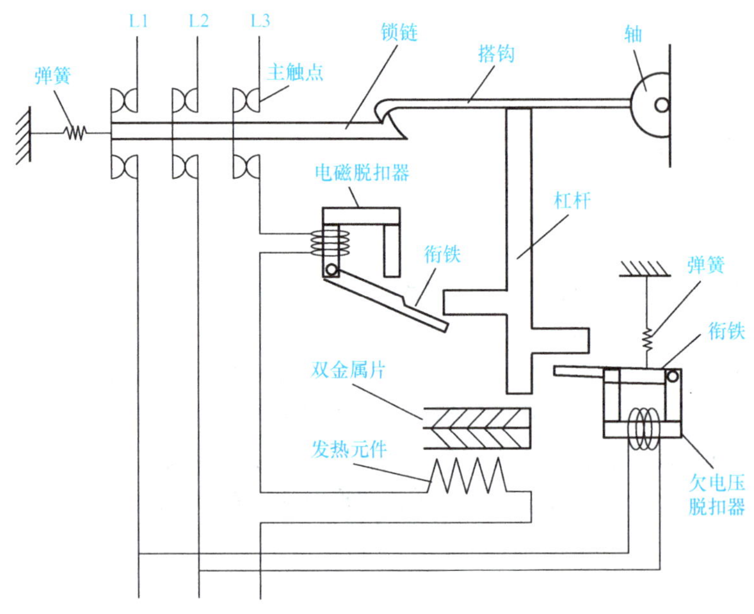

图 1-5-3 低压断路器的基本结构

障（短路、过载、欠电压等）时，通过脱扣器装置使低压断路器自动跳闸，达到故障保护的目的。

短路保护：当电路发生短路时，电路中的电流增大，过电流脱扣器动作，迅速吸合衔铁，撞击杠杆，使锁键脱扣，主触点在弹簧的作用下迅速分断，断开电路，起到短路保护作用。

过载保护：当线路发生过载时，过载电流使双金属片受热弯曲，撞击杠杆，锁键脱扣，主触点分断，断开电路，起到过载保护作用。

欠电压、失电压保护：当电压过低时，欠电压脱扣器释放衔铁，使衔铁撞击杠杆，断开电路，起到失电压和欠电压保护作用。

低压断路器原理结构

二、漏电保护器

1. 基本原理

漏电保护器又称漏电断路器、漏电保护开关，可用于防止低压电网人身触电或因漏电造成火灾等事故。漏电保护器除了其断路器的作用外，还能在设备漏电或人身触电时迅速断开电路，保护人身和设备的安全。

如图 1-5-4 所示，漏电保护器由零序电流互感器、放大器和主回路断路器等组成。当设备正常工作时，主电路电流的相量和为零，零序电流互感器的铁心无磁通，其二次绕组没有感应电压输出，开关保持闭合状态。当被保护的电路漏电或有人触电时，漏电电流通过大地回到变压器中性点，从而使三相电流的相量和不等于零，零序电流互感器的二次绕组中就产生感应电流。当该电流达到一定值并经放大器放大后就可以使脱扣器 YR 动作，使断路器在很短的时间内动作而切断电路。

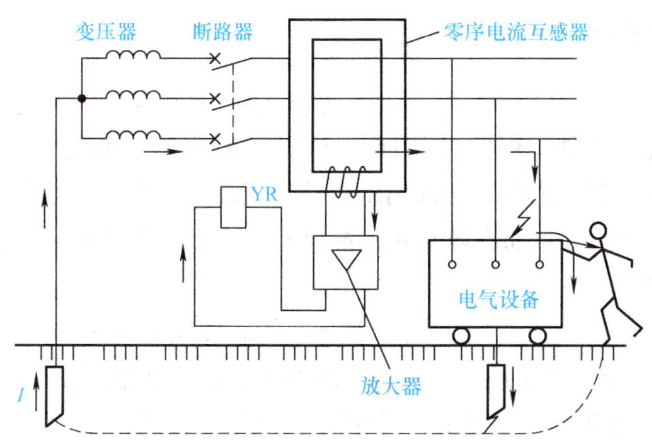

图 1-5-4 工作原理示意图

2. 技术参数

漏电保护器的主要技术参数有动作电流和动作时间。

1）若用于保护手持电动工具、各种移动电器和家用电器，应选用额定漏电动作电流不大于 30mA、动作时间不大于 0.1s 的快速动作漏电保护器。

2）若用于保护单台电动机，可选用额定漏电动作电流为 30～100mA 的漏电保护器。

三、DZ47 系列断路器

DZ47 系列低压断路器由操作机构、触点系统、灭弧装置、过电流脱扣器及绝缘外壳组成，按极数可以分为单极、二极、三极、四极。

DZ47 系列微型低压断路器用于交流 50～60Hz、电压 415V、电流 60A 以下电路中作为照明、动力设备和线路的过载及短路保护，具有安全、可靠、体积小、价格低、安装及操作方便等优点。

DZ47 系列微型低压断路器的额定电流为 60A，脱扣器的整定电流可分为 1A、3A、5A、10A、15A、20A、25A、32A、40A、50A、60A 等，应根据负载的大小来选用。

DZ47 系列低压断路器如图 1-5-5 所示。

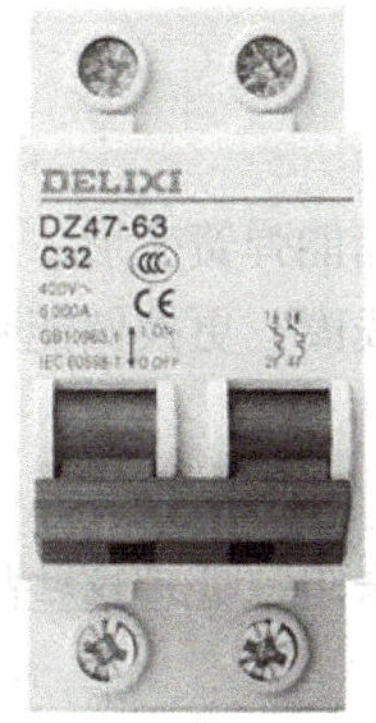

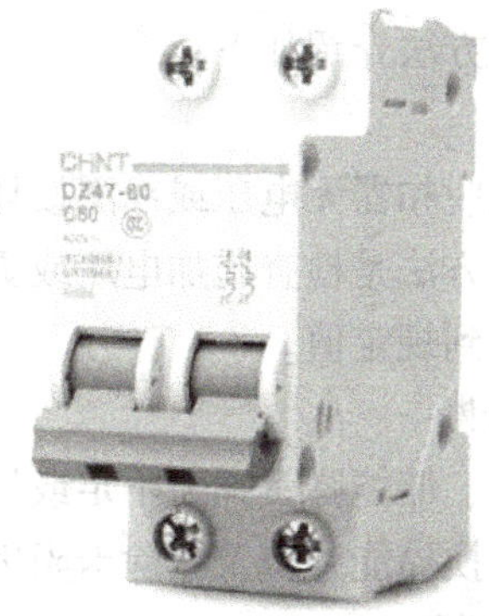

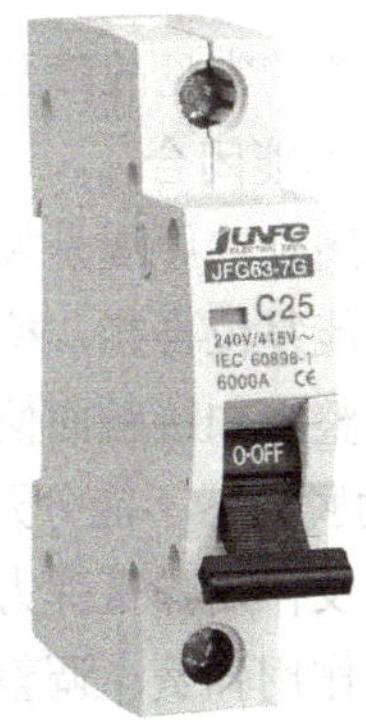

图 1-5-5 DZ47 系列低压断路器外形图

四、断路器的选用

选用断路器时，首先确定断路器的类型，然后进行具体参数的确定。

（1）根据具体使用条件、保护对象的保护要求选择断路器类型

一般在电气设备控制系统中，常选用塑料外壳式或漏电保护式断路器；在电力网主干线路中主要选用框架式断路器；而在建筑物的配电系统中则一般采用漏电保护式断路器。

（2）具体参数选择

1）断路器的额定工作电压大于或等于被保护线路的额定电压。

2）断路器的额定电流大于或等于被保护线路的计算负载电流。

3）断路器的额定通断能力大于或等于被保护线路中可能出现的最大短路电流，一般按有效值计算。

4）线路末端单相对地短路电流大于或等于 1.25 倍断路器瞬时脱扣器整定电流。

5）断路器欠电压脱扣器额定电压等于被保护线路的额定电压。

6）断路器分励脱扣器额定电压等于控制电源额定电压。

五、注意事项

为保证低压断路器可靠工作，使用时要注意以下事项：

1）断路器要按规定垂直安装，连接导线必须符合规定要求。

2）工作时不可将灭弧罩取下，灭弧罩损坏应及时更换，以免发生短路时电弧不能熄灭的事故。

3）脱扣器的整定值一经调好就不要随意变动，但应做定期检查，以免脱扣器误动作或不动作。

4）分断短路电流后应及时检查主触点，若发现烟痕迹，可用干布擦净；若发现触点烧毛，应及时修复。

5）使用一定次数后，应给操作机构添加润滑油。

6）应定期清除断路器的尘垢，以免影响操作和绝缘。

六、常见故障

低压断路器的常见故障及检修方法介绍如下：

（1）触点不能闭合

触点不能闭合的原因是欠电压脱扣器无电压或线圈损坏、储能弹簧变形、反作用弹簧力过大、机构不能复位再扣。检修的方法是检查施加电压或更换线圈，更换储能弹簧，调整反作用弹簧，调整再扣接触面使其达到规定值。

（2）自动脱扣器不能分开或分断

其原因是反作用弹簧弹力不足、储能弹簧弹力不足或机械卡阻。处理这些故障的方法是调整或更换反作用弹簧、调整或更换储能弹簧及消除卡阻因素。

（3）带负荷起动时开关立即分断

开关分断的原因是过电流脱扣器瞬时动作整定值太小，检修的方法是重新调整弹簧。

(4) 开关温度过高

开关温度过高的原因是触点压力过小、触点表面过分磨损或接触不良、两个导电零件连接螺钉松动。其检修方法是调整或更换压力弹簧，更换触点或修整接触面，将连接导电零件的螺钉拧紧。

【知识考核】

选择题

1. DZ5－20 型低压断路器的热脱扣器用于（　　）。
   A. 过载保护　　B. 短路保护　　C. 欠电压保护　　D. 失电压保护
2. 在工业、企业、机关、公共建筑、住宅中，目前广泛使用的控制和保护电器是（　　）。
   A. 开启式负荷开关　　B. 接触器
   C. 转换开关　　D. 断路器
3. 所有断路器都具有（　　）。
   A. 过载保护和漏电保护　　B. 短路保护和限位保护
   C. 过载保护和短路保护　　D. 失电压保护和断相保护

项目二

认识三相异步电动机

知识目标

（1）了解常用三相异步电动机的分类；
（2）了解常用三相异步电动机的结构与原理；
（3）掌握三相异步电动机的起动方法。

技能目标

（1）能运用多种方法正确进行三相异步电动机的起动；
（2）能正确选用常用三相异步电动机的型号以及确定电动机的起动方式。

情感目标

（1）培养学生善于思考的能力，激发学生学习的兴趣；
（2）培养学生严谨细致、一丝不苟的学习精神。

[活动指导]

活动一 三相异步电动机的工作原理

【新课导入】

磁铁转动时，磁力线切割转子导体而产生感应电动势，由于笼型转子本身短路，在感应电动势下有感应电流流过，流过感应电流的转子切割磁场产生转动力矩而旋转。

讨论

1）电动机的旋转磁场是怎样产生的？旋转方向是由什么决定的？旋转速度是由什么决定的？

2）电动机的旋转原理是怎样的？什么是转差率？怎样计算转差率？

三相异步电动机转动原理动画

【知识巩固】

一、旋转磁场

1. 产生条件

电动机在定子铁心上冲有均匀分布的铁心槽，在定子空间各相差120°电角度的位置上布置有三相绕组U1U2、V1V2、W1W2，并按星形联结。图2-1-1所示是电动机定子绕组结构图。

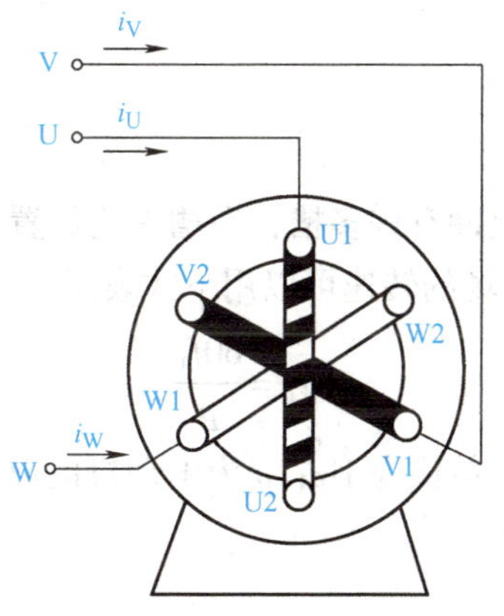

图2-1-1 定子绕组结构图

三相异步电动机工作原理动画

在三相异步电动机定子上布置结构完全相同、在空间上各相差120°电角度的三相定子绕组，当分别通入三相交流电时，在定子、转子与空气隙中产生一个沿定子内圆旋转的磁场，称为旋转磁场。

2. 旋转方向

三相交流电的变化次序为U相达到最大值→V相达到最大值→W相达到最大值。将U、V、W三相交流电分别接U、V、W相绕组，则产生的旋转磁场的方向为U相→V相→W相，与三相交流电的相序一致。图2-1-2所示为电动机的相序图。

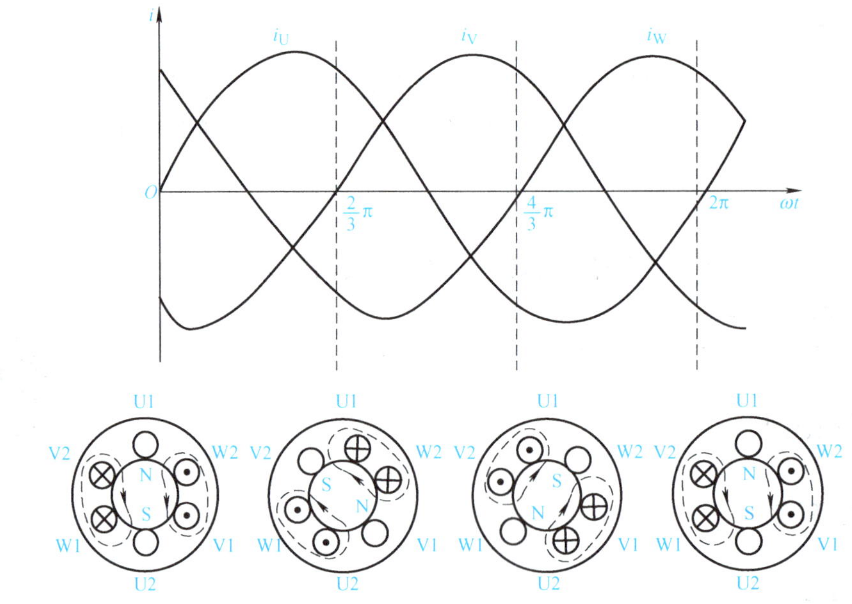

图2-1-2　电动机的相序图

旋转磁场的旋转方向取决于定子绕组中三相交流电的相序，且与三相交流电源的相序U→V→W的方向一致。只要任意调换电动机两相绕组所接交流电源的相序，旋转磁场即反转。

3. 旋转速度

三相异步电动机定子铁心上冲有许多槽，在槽中均放置有线圈，通入三相交流电后可以产生若干对（p）磁极，旋转磁场的转速可以用下式表示：

$$n_1=\frac{60f_1}{p}$$

式中，f_1为交流电的额定频率，单位为Hz；p为电动机的磁极对数；n_1为旋转磁场的转速，又称为同步转速，单位为r/min。

二、旋转原理

1. 转子旋转原理

如图2-1-3所示，当向三相定子绕组U1U2、V1V2、W1W2通入三相交流电后，将在定子、转子与空气隙中产生一个同步转速为n_1的旋转磁场；旋转磁场切割转子导体而产生感应电动势，由于转子导体自成闭合回路而形成感应电流；有电流流过的转子导体在旋转磁场中受电磁力作用而以转速 n 旋转，方向与旋转磁场一致。

因此，改变电动机的旋转方向只需改变旋转磁场的转向即可。

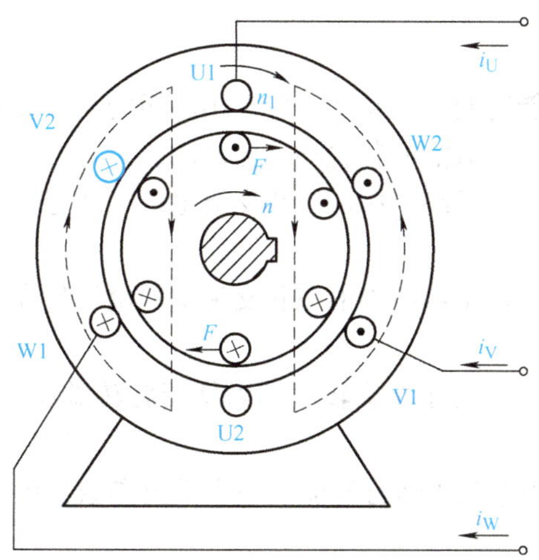

图 2-1-3 电动机转子工作示意图

2. 转差率

在电动机工作过程中，转子的转速 n 一定要小于旋转磁场的转速 n_1。

如果转子转速与旋转磁场转速相等，则转子导体就不再切割旋转磁场，转子将减速。异步电动机的转子绕组不直接与电源相连，而是依据电磁感应产生电动势和电流，获得电磁转矩而旋转，这种异步电动机又称为感应电动机。

异步电动机旋转磁场的转速与电动机转速之差称为转速差，转速差与旋转磁场转速的比值称为电动机的转差率，即

$$s=\frac{n_1-n}{n_1}$$

分析：

1）异步电动机在静止或刚接电源的瞬间，$n=0$，$s=1$。

2）如果转子的转速 $n=n_1$，则 $s=0$。

3）异步电动机在正常状态下运行时，s 在 0 ~ 1 间变化。

4）异步电动机在额定状态下运行时，额定转差率 s_N 在 0.01 ~ 0.05 之间。

5）当三相异步电动机空载时，由于电动机只需克服空气阻力及摩擦阻力，则 n 和 n_1 相差很小，s 很小，为 0.004 ~ 0.007。

【例题】 已知 Y2－160M－4 三相异步电动机的同步转速 $n_1=1500\text{r/min}$，额定转差率 $s_N=0.027$，求该电动机的额定转差率 n_N。

解： 由 $s_N=\dfrac{n_1-n_N}{n_1}$

可得

$$n_N = (1 - s_N)n_1 = (1 - 0.027) \times 1500\text{r/min} \approx 1460\text{r/min}$$

【知识考核】

一、判断题

1. 电动机是一种将电能转变为机械能，并输出转矩的动力设备。（　）
2. 凡是能将电能转换成机械能的装置均称为电动机。（　）
3. 通过三相异步电动机定子绕组中的三相交流电的频率越高，电动机的转速就越快。（　）
4. 通入三相异步电动机定子绕组中的三相交流电的电压越高，电动机的转速就越快。（　）
5. 异步电动机的转子总是紧随着旋转磁场以低于旋转磁场的转速在旋转，因此称为异步电动机。（　）
6. 转差率 s 是分析异步电动机运行性能的一个重要参数，电动机转速越高，则转差率 s 就越大。（　）
7. 某台进口设备上的三相异步电动机额定电源频率为60Hz，现工作于50Hz的交流电源上，电动机的转速为此不变。（　）

二、选择题

1. 在三相异步电动机定子上布置结构完全相同、在空间位置上互差120°电角度的三相绕组，分别通入（　），则在定子、转子和气隙间将会产生旋转磁场。

A. 直流电　B. 交流电　C. 脉动直流电　D. 三相对称交流电

2. 旋转磁场的转速与交流电频率 f_1 和磁极对数 p 之间的关系是（　）。

A. 与 f_1 及 p 均成正比　B. 与 f_1 及 p 均成反比

C. 与 f_1 成正比，与 p 成反比　D. 与 f_1 成反比，与 p 成正比

3. 三相异步电动机旋转磁场的方向与（　）有关。

A. 磁极对数　B. 绕组的接线方式

C. 绕组匝数　D. 电源相序

4. 电源频率为50Hz的6极三相异步电动机的同步转速为（　）r/min。

A. 750　B. 1000　C. 1500　D. 3000

5. 向三相定子绕组中通入 $f_1 = 60\text{Hz}$ 的三相交流电，当 $p = 1$ 时产生的旋转磁场转速为（　）。

A. 1800r/min　B. 3600r/min

C. 1500r/min　D. 1000r/min

6. 三相异步电动机额定转速（　）。

A. 小于同步转速　B. 大于同步转速

C. 等于同步转速　D. 小于转差率

7. 三相异步电动机的旋转速度与（　）无关。

A. 旋转磁场的转速　B. 磁极数

C. 电源频率　D. 电源电压

8. 三相异步电动机额定运行时的转差率一般为（　　）。

A. 0.01～0.07　　B. 0.1～0.7

C. 0.7～1.0　　D. 1.0～2.0

活动二　三相异步电动机的结构

【新课导入】

三相异步电动机的结构类型有很多，根据不同的类型，电动机又具有不同的功能及工作原理。正因为电动机结构的多样化，三相异步电动机得到了广泛的运用。

讨论

电动机主要由哪几部分组成？各自有何作用？

三相异步电动机三维模型

【知识巩固】

一、电动机的分类

三相异步电动机种类繁多，可将其分为多种不同种类。如图 2-2-1 所示为常见的三相异步电动机。

1）按外壳防护方式不同，三相异步电动机分为开启式、防护式、封闭式三种。

开启式结构能防止固体异物、水滴等进入电动机内部。防护式能防止人与物触及电动机带电部位与运动部件，运行时安全性好。封闭式结构根据使用场合的不同又可分成许多结构，如用于煤矿的隔爆型、用于化工企业的防腐型、用于水下的井下潜水型等。

2）按转子结构不同，三相异步电动机分为笼型和绕线型。

3）按工作电压不同，三相异步电动机分为高压型、低压型。

4）按工作性能不同，三相异步电动机分为高起动转矩型、高转差型。

5）按外形尺寸和功率大小不同，三相异步电动机分为大型、中型、小型。

a) Y2系列电动机

b) 电磁制动式电动机

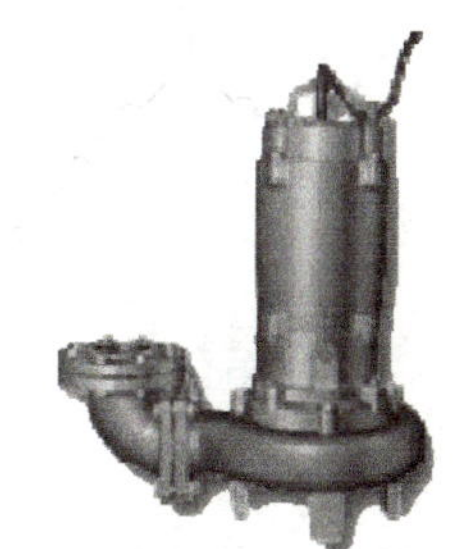

c) YGS系列井用潜水电动机

图 2-2-1　常见的三相异步电动机外形图

二、电动机的结构组成

1. 定子

定子是指电动机中静止不动的部分，包括定子铁心、定子绕组、机座、端盖、罩壳等，如图 2-2-2 所示。

图 2-2-2　定子外形图

1）定子铁心：电动机的磁路部分，内圆槽内嵌放三相定子绕组。定子铁心对材料的要求是既要有良好的导磁性能、剩磁小，又要尽量降低涡流损耗，一般用 0.5mm 厚表面有绝缘层的硅钢片叠压而成。

2）定子绕组：电动机的电路部分，通入三相交流电产生旋转磁场。三相异步电动机的三相定子绕组采用高强度漆包圆铜线绕制而成。

三相定子绕组的结构完全对称，一般有 6 个出线端 U1、U2、V1、V2、W1、W2，置于机座外部的接线盒内，根据需要接成星形（Y）或三角形（△）。接线方式如图 2-2-3。

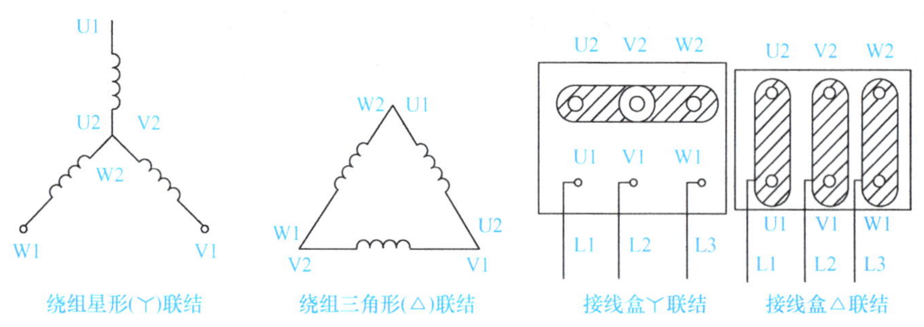

图 2-2-3　定子绕组的接线方式

3）机座：机座用于固定定子铁心和绕组，并通过两侧端盖和轴承来支撑电动机转子；同时保护电动机的磁路部分，并散发电动机运行中产生的热量。

4）端盖：对内部起保护作用，并借助轴承将电动机转子和机座联成整体。

2. 转子

转子即电动机的转动部分，包括转子铁心、转子绕组、风扇和转轴等。

1）转子铁心：是电动机的磁路部分，并放置转子绕组。转子铁心通常用0.5mm厚硅钢片冲制叠压而成，外圆冲有均匀分布的孔用来安置转子绕组，一般采用斜槽结构。

2）转子绕组：转子绕组用来切割旋转磁场，产生感应电动势，并在旋转磁场下受力而转动。转子绕组分为笼型和绕线型两种，如图2-2-4所示。

笼型转子用于三相笼型异步电动机上，通常具有两种不同的结构型式，即铜条转子和铸铝转子。绕线型转子用于三相绕线转子异步电动机上。

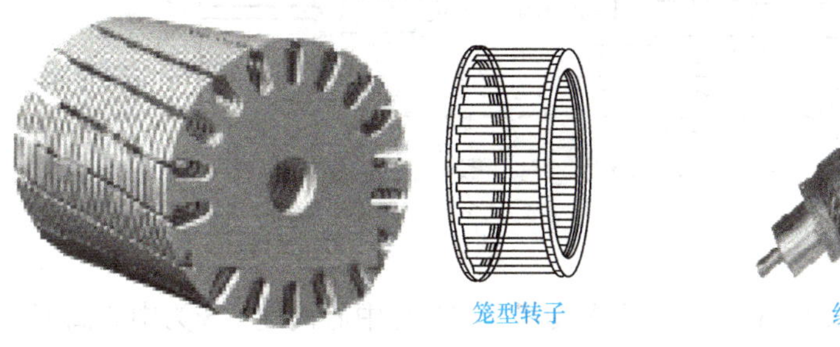

图2-2-4 转子外形图

3. 其他附件

1）轴承：用来连接转动部分和固定部分，图2-2-5所示为轴承外形图。

2）轴承端盖：用来保护轴承，使轴承内润滑脂不溢出，防止灰、沙尘等浸入润滑脂内。

3）风扇：用于冷却电动机。

图2-2-5 轴承外形图

4. 气隙

为了保证电动机的正常运转，在定子与转子之间有气隙。气隙大小对电动机性能影响很大，气隙大，则磁阻大，由电源提供的励磁电流大，使电动机运行时功率因数低；气隙小，将使装配困难，容易造成运行中定子和转子铁心相碰。一般气隙为0.2~1.5mm。

三、电动机铭牌

电动机铭牌上标出了该电动机的型号和主要技术参数，供正确使用电动机时参考。图 2-2-6 所示为某电动机的铭牌。

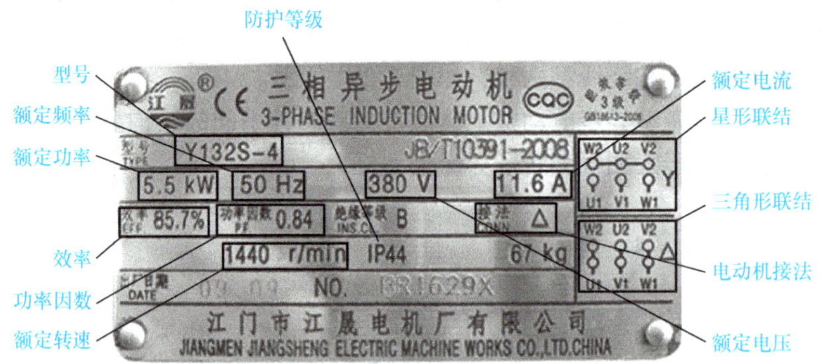

图 2-2-6　三相异步电动机铭牌

1）型号：Y132S—4 中 Y 表示异步电动机，132 是中心高度，S 为中心高度（mm）。

2）额定功率 P_N：电动机在额定工作状态下运行时，转轴上输出的机械功率。

3）额定电压 U_N、额定电流 I_N：电动机在额定工作状态下，加在定子绕组上的输入线电压、线电流。额定功率、额定电压、额定电流之间的关系如下：

$$P_N = \sqrt{3}U_N I_N \eta_N \cos\varphi_N$$

4）额定转速 n_N：电动机在额定工作状态下的运行转速，单位是 r/min。

5）接法：额定运行时，电动机绕组应采用Y或△接法。

6）防护等级：表示电动机外壳防护方式。IP11 是开启式，IP22、IP23 是防护式，IP44 是封闭式。

7）额定频率：表示电动机使用交流电源的频率，单位为 Hz。

8）绝缘等级：表示电动机绕组及其他绝缘部件所用绝缘材料的等级。绝缘材料按耐热性能可分为七个等级，见表 2-2-1。目前国产电动机使用的绝缘材料等级为 B、F、H、C 四个等级。

表 2-2-1　绝缘材料耐热性能等级

绝缘等级	Y	A	E	B	F	H	C
最高允许温度/℃	90	105	120	130	155	180	大于 180

9）定额工作制：电动机定额分为连续定额（S1）、短时定额（S2）、断续定额（S3）。

连续定额表示电动机按铭牌值工作时可以长期连续运行；短时定额表示电动机按铭牌值工作时只能在规定的时间内短时运行；断续定额表示电动机按铭牌值工作时运行一段时间就要停止一段时间，周而复始地按一定周期运行。

【例题】 已知 Y132S－4 三相异步电动机的额定数据为 P_N =5.5kW，I_N =11.7A，U_N =380V，$\cos\varphi_N$ =0.83，定子绕组为三角形联结，求电动机的效率 η_N。

解：

由 $P_N=\sqrt{3}U_NI_N\eta_N\cos\varphi_N$

可得 $\eta_N=\dfrac{P_N}{\sqrt{3}U_NI_N\cos\varphi_N}=\dfrac{5.5\times10^3}{\sqrt{3}\times380\times11.7\times0.83}\approx0.86$

【知识考核】

一、判断题

1. 三相异步电动机的定子绕组和转子绕组在电路上没有直接的联系，但共处于同一磁路中。（　　）

2. 三相异步电动机定子及转子铁心均由表面具有绝缘层的硅钢片叠成，其目的是既能使磁路具有良好的导磁性能，又能有效地减小铁损耗。（　　）

3. 三相异步电动机的机座必须用导磁材料来制造。（　　）

4. 电动机铭牌上标注的额定电压是指电动机定子绕组规定使用的线电压。（　　）

5. 按三相异步电动机转子的结构型式，可把三相异步电动机分为笼型转子和绕线型转子。（　　）

二、选择题

1. 一般三相异步电动机定子内嵌放（　　）相绕组。

A. 1　　B. 2　　C. 3　　D. 4

2. 三相笼型异步电动机的定子是由（　　）组成的。

A. 机座、定子铁心、定子绕组　　B. 机座、转子铁心、风扇

C. 机座、端盖、风扇　　D. 机座、铁心、绕组

3. 三相笼型异步电动机的转子是由（　　）组成的。

A. 转轴、转子铁心、端盖　　B. 转子铁心、转轴、转子绕组

C. 定子铁心、定子绕组、转轴　　D. 定子铁心、定子绕组、风扇

4. 国产小功率三相笼型异步电动机的转子最广泛采用的是（　　）。

A. 深槽转子　　B. 绕线转子　　C. 铸铝转子　　D. 铜条转子

5. 电动机的额定功率是指（　　）。

A. 输入的有功功率　　B. 输入的视在功率

C. 轴上输出的机械功率　　D. 本身损耗的功率

6. 绝缘材料的绝缘等级通常分为（　　）个等级。

A. 4　　B. 5　　C. 6　　D. 7

活动三　三相异步电动机的起动

【新课导入】

所谓三相异步电动机的起动，是指电动机通电后转速从零开始逐渐加速到正常运转的一个过程。三相异步电动机直接起动时电流很大，一般为额定电流的4~7倍。

讨论

各种生产设备、运输机械等对电动机起动有何要求？图 2-3-1 为日常生活中用到三相异步电动机的案例。

自动流水线

扶梯

图 2-3-1　三相异步电动机的应用案例

【知识巩固】

一、概述

异步电动机起动的主要问题是起动电流大、起动转矩并不大。其主要原因是电动机起动开始时，定子绕组已通三相交流电，转子还未转动，此时，旋转磁场以同步转速切割转子导体，转子中电流很大，通过电磁感应使定子中起动电流也很大，$I_{st}=(4\sim7)I_N$。虽然起动电流很大，但由于起动时功率因数很低，因此电动机的起动转矩并不大。

三相异步电动机常用起动方法有在额定电压下的直接（全压）起动以及降低起动电压的减压起动。

对三相异步电动机的起动，主要有如下几点要求：

1）应有足够大的起动转矩。

2）在保证足够大的起动转矩条件下，电动机的起动电流应尽量小些。

3）起动过程中的能量耗损应尽量小。

4）起动设备应结构简单、价格低、操作及维修方便。

二、直接起动

直接起动是将电动机三相定子绕组直接接到额定电压的电网上来起动电动机，即电动机三相定子绕组起动电压等于额定电压，故也叫全压起动。如图 2-3-2 是电动机直接起动的线路原理图。

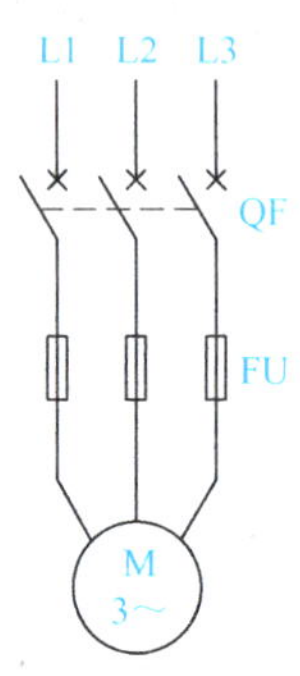

图 2-3-2　电动机直接起动原理图

直接起动电动机将会造成很多危害，例如，会在电网中造成较大电压降，影响其他电动机或其他电器的正常工作；由于起动转矩并不大，使之不能重载起动；起动过程中会对生产设备造成冲击。所以，异步电动机能否采用直接起动应视电网的容量（变压器的容量）、电动机容量、起动次数、电网允许干扰的程度等许多因素决定。

允许直接起动电动机的条件有以下几点：

① 容量在7.5kW以下的三相异步电动机一般允许采用直接起动方式。

② 用户由专用的变压器供电时，如电动机容量小于变压器容量的20%时，允许直接起动；对于不经常起动的电动机，则该值可放宽到30%。

③ 可用下面的经验公式来粗估电动机是否可以直接起动。

满足公式$\frac{I_{st}}{I_N} \leqslant \frac{3}{4} + \frac{S}{4P_N}$时，电动机允许直接起动。

式中，S为变压器容量（kV·A）；P_N为电动机的额定功率（kW）；$\frac{I_{st}}{I_N}$为电动机起动电流倍数。

三、减压起动

减压起动是指起动时加在电动机定子绕组上的电压低于额定电压，起动结束后加额定电压运行的起动方式。由于电动机的起动转矩与电压的二次方成正比，因此减压起动时电动机的起动转矩减小较多，一般适用于电动机空载或轻载起动。

常用的减压起动有定子串电阻减压起动、自耦变压器减压起动、星–三角减压起动。

1. 串电阻减压起动

串电阻减压起动原理

串电阻减压起动，就是在电动机起动过程中，在电动机定子电路中串联电阻，利用串联电阻来减小定子绕组电压，以达到限制起动电流的目的。一旦电动机起动完毕，再将串联的电阻短接，电动机便进入全压正常运行状态。这个用来限制起动电流大小的电阻，称为起动电阻。

2. 延边三角形减压起动

延边三角形减压起动原理动画

延边三角形减压起动和星–三角减压起动的原理相似，即在起动时将电动机定子绕组的一部分接成星形（Y），另一部分接成三角形（△）。正常运行时，电动机按照三角形（△）方式运行。

3. 自耦变压器减压起动

自耦变压器减压起动原理动画

自耦变压器减压起动是指利用自耦变压器来降低起动时的电动机定子绕组电压，以达到限制起动电流的目的。起动时，将转换开关QF扳到“起动”位置，此时电动机定子绕组与自耦变压器的低压侧连接，电动机进行减压起动，升到一定值时，再将QF扳向“运行”位置，这时自耦变压器被切除，电动机定子运行。

4. 星–三角减压起动

星–三角减压起动原理动画

星–三角减压起动，是指在起动时，先将三相定子绕组联结成星形，待转速接近稳定时再改联结成三角形。起动时联结成星形的定子绕组电压与电流都只有三角形联结时电压与电流的$\frac{1}{\sqrt{3}}$，由于三角形联结时绕组内的电流是线路电流的$\frac{1}{\sqrt{3}}$，而星形联结时两者则是相等的，因此，联结成星形起动时的线路电流只有联结成三角形直接起动时线路电流的$\frac{1}{3}$。

【知识考核】

选择题

1. 笼型三相异步电动机的起动方法有直接起动和（　　）两大类。

A. 减压起动　　B. 星-三角起动　　C. 变频起动　　D. 串电阻起动

2. 通常三相异步电动机直接起动时的起动电流是额定电流的（　　）倍。

A. 7～9　　B. 4～7　　C. 2～2.5　　D. 1.5～2

3. 三相异步电动机采用星-三角减压起动，电动机正常运行时定子绕组必须是（　　）联结。

A. Y或△　　B. YY　　C. Y　　D. △

4. 在要求一定范围内能进行平滑调速的设备中，目前广泛采用（　　）调速的笼型三相异步电动机。

A. 串电阻　　B. 变极　　C. 变频　　D. 变电压

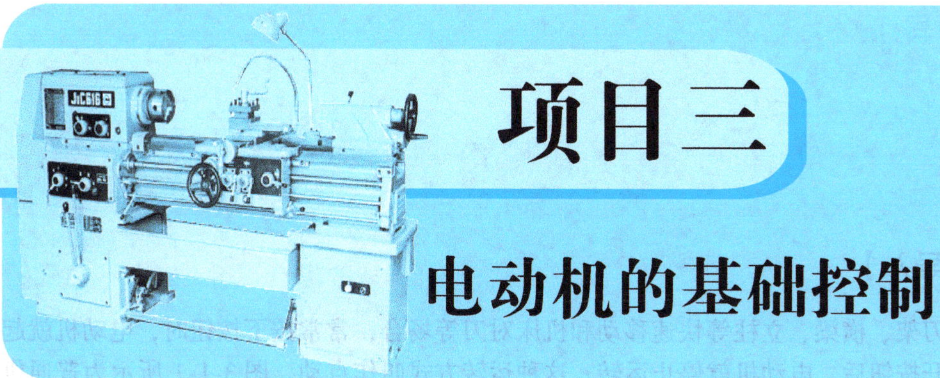

项目三 电动机的基础控制

教学目标

知识目标

（1）了解常用的电动机基础控制方法；
（2）了解常用电动机控制方法的原理图接线方式；
（3）了解常用电动机控制线路搭建所需要用到的元器件。

技能目标

（1）能识别日常生活中的电动机设备所运用的控制方法；
（2）能正确选用电动机的基础控制方法并用于实际项目。

情感目标

（1）培养学生善于思考的能力，激发学生学习的兴趣；
（2）培养学生严谨细致、一丝不苟的学习精神。

[活动指导]

活动一　电动机的点动控制

【新课导入】

在机床刀架、横梁、立柱等快速移动和机床对刀等场合，常常按下按钮时，电动机就起动运转，松开按钮后，电动机就停止运转，这种运转方式叫作点动。图 3-1-1 所示为普通机床外形图及电动机点动控制原理图。

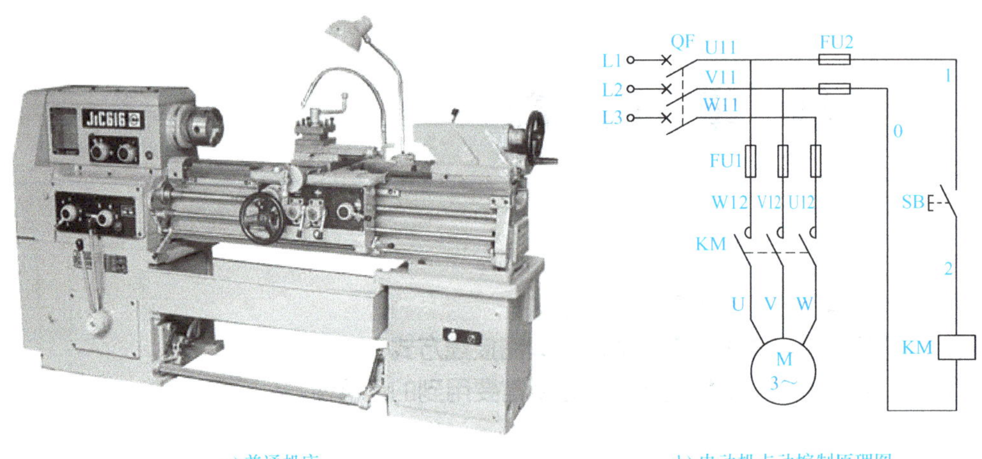

a) 普通机床　　b) 电动机点动控制原理图

图 3-1-1　普通机床外形图及电动机点动控制原理图

讨论

如何实现这种“一点就动、松开不动”的点动控制方式？电动机的点动控制有哪些实际应用？

【知识巩固】

一、原理分析

点动控制，是指按下按钮，电动机通电工作，松开按钮，电动机断电停止。其电路包括电源电路、主电路和控制电路，SB 为控制按钮。

电源电路包括三相交流电源以及低压断路器 QF。主电路是受电的动力装置及控制、保护电器的支路等，由主熔断器、接触器的主触点、热继电器的热元件以及电动机组成。辅助电路包含控制主电路工作状态的控制电路、指示电路、照明电路等。辅助电路通过电流较小，不超过 5A。

点动控制原理动画

点动控制的工作原理主要是线圈通电，衔铁吸合，触点动作；线圈断电，衔铁释放，触点复位。

二、元件材料

按表3-1-1准备工具、设备（本书其他项目所用工具不再重复列出），并按表3-1-2配齐本任务所用元件。

表3-1-1　所用工具、设备

序号	名称	型号与规格	数量	单位
1	三相交流电源	~3×380/220V、20A	1	个
2	电工通用工具	测电笔、一字螺钉旋具、十字螺钉旋具、剥线钳、尖嘴钳、电工刀等	1	套
3	万用表	指针式万用表，如MF47、MF368、MF500	1	只
4	绝缘电阻表	500V，0~200MΩ	1	只
5	劳保用品	绝缘鞋、工作服等	1	套

表3-1-2　电动机点动控制电路元件清单

序号	名称	型号与规格	数量	单位
1	三相异步电动机	Y132S-4，7.5kW，380V，15.4A	1	台
2	熔断器	RT18-32，500V，配32A熔体	5	只
3	低压断路器	DZ47-60 D20，400V，20A	1	只
4	按钮	LAY3-11，2.5A，绿色	1	只
5	接触器	CJ20-10，线圈380V	1	只
6	端子排	TB1510L，600V，15A，10节或配套自备	1	条
7	木螺钉	ϕ3mm×20mm，ϕ3mm×15mm	若干	个
8	导线	BVR 2.5mm^2、BVR 1.5mm^2（颜色自定）	若干	m
9	保护接地线（PE）	BVR 1.5mm^2，黄绿双色线	若干	m

三、线路安装

电动机线路的安装步骤分为元件的安装、控制板线槽内配线、控制板外部接线。

1. 元件的安装

将元件用紧固件安装在控制板的相应位置上，在布线通道上安装走线槽，并贴上醒目的文字符号。安装电气元件和走线槽时，应做到横平竖直、安装牢固、排列整齐和便于走线，紧固元件时要注意受力均匀且适度，以防损坏元件。

2. 槽内配线

根据电路图配线，连接线路时，注意导线颜色的选择。

配线时，进入线槽的导线要完全置于走线槽内，并应方便盖上盖板，各接点不能松动，具体要求如下：

1）布线时，严禁损伤线芯和导线绝缘层。

2）槽内的导线要尽可能避免交叉，不超过总容量的70%。

3）外露导线尽量做到横平竖直，变换走向要垂直。

4）电气元件接线端子上引出或引入的导线，除特殊情况外，必须经过走线槽进行连接。

5）电气元件接线端子引出导线的走向，以元件的水平中心线为界限，水平中心线以上端子引出的导线必须进入元件上面的走线槽，下部端子引出的导线进入下面的走线槽。

6）所有导线与接线端子的连接必须牢固，不得松动。

3. 外部接线

控制板外部接线时，必须使导线有适当的机械保护，需以确保安全为条件。例如，对电动机或可调整部件上电气设备的配线，可以采用多芯橡皮线或塑料护套软线来保证。

四、线路检修

1. 线路检修基本方法

电动机不同的控制线路检修方法几乎是一样的，一般包括以下几点：

1）对照原理图、接线图进行检查，核对线号，防止接线错误和漏接。

2）检查按钮盒内的接线和接触器的自锁线。

3）检查接线端子紧固情况，排除虚接现象。

4）用万用表或电桥检查线路通断情况，用手动操作来模拟触点分合动作。

检查时先检查主电路，后检查控制电路。检查控制板内部布线的正确性，一般在不通电的情况下进行，必要时也可进行通电校验。

2. 检查主电路

取下控制电路熔断器熔体，断开控制电路，闭合断路器QF。用万用表分别测量低压断路器QF下端子U11～V11、U11～W11、W11～V11之间的电阻，应均为开路（$R\to\infty$）。如果某次测量为短路，则说明测量两相之间的接线有短路现象。

按下接触器KM的动触点，辅助动合触点应闭合，辅助动断触点应断开，测量接触器线圈电阻。接触器完好时，按下接触器KM的动触点，用万用表测量断路器QF下端子U11～V11、U11～W11、W11～V11之间的电阻，松开接触器KM的动触点，万用表显示由通到断。若某次测量结果为开路（$R\to\infty$），则说明两相之间有断开现象；若某次测量结果为短路（$R\to0$），则说明所测量两相之间有短路现象。

3. 检查控制电路

检查控制电路时，要检查控制电路中按钮、接触器辅助触点之间的接线有无漏接、错接、虚接现象，注意每一对触点的上下端子接线不可颠倒，同一根导线两端线号应相同。取下主电路熔断器熔体，断开主电路，用万用表分别接到控制电路熔断器下端子 0、1 号线上。按下按钮 SB，显示电路由通到断，万用表显示一定的电阻值。

4. 检查过载保护

取下热继电器的盖板，轻拨热元件自由端使其触点动作，应测得热继电器动断触点由断至通，然后按下复位按钮使触点复位。

五、运行调试

为确保安全，在通电试车中，应按照相关规定，一人监护，一人操作。线路经教师检查无误后，方可进行通电运行。

1. 功能试验

拆除电动机绕组的连线，合上开关 QF（软件中用鼠标左键单击）。按住按钮 SB，KM 线圈得电动作，KM 主触点闭合；松开按钮 SB，KM 线圈失电，KM 主触点断开。

2. 试车

图 3-1-2 为电动机点动控制仿真接线图，恢复电动机连线，并做好停车准备。合上断路器 QF（软件中用鼠标左键单击），接通电源；按下按钮 SB（软件中用鼠标左键单击），查看三相异步电动机是否正向转动（电动机旁边箭头 / 顺时针旋转）；松开按钮 SB，查看电动机是否停止运行。

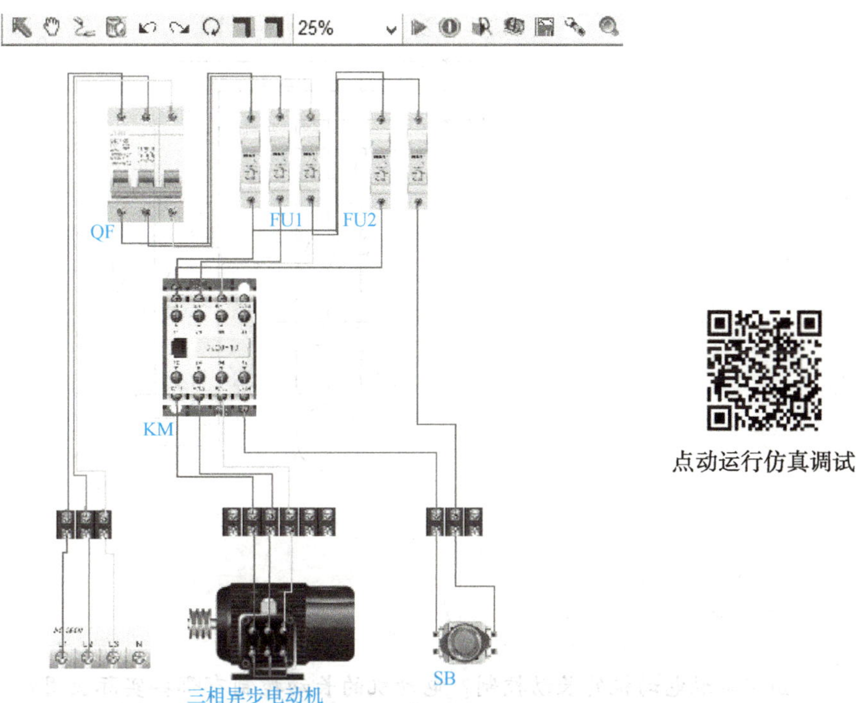

图 3-1-2　电动机点动控制仿真接线图

点动运行仿真调试

六、故障检测

故障现象：对于电动机的点动控制，主要故障现象为电动机 M 不转动。

故障分析：

1）对于主电路而言，可能存在的问题是熔断器 FU1 断路、主电路有断点及电动机 M 绕组存在故障。

2）对控制电路而言，可能存在熔断器断路、1 号线与 2 号线之间按钮动合触点接触不良等原因。

检查步骤：按住按钮 SB，查看接触器线圈是否通电。如果通电，但 KM 主触点不动作，则是主电路的问题，可重点检查电动机 M 的绕组；若接触器 KM 未通电，则为控制电路问题，重点查看熔断器 FU2 以及按钮 SB 的动合触点接触问题。

活动二　电动机的长动控制

【新课导入】

在机床运转、车床车削、水泵抽水等场合，常要求电动机起动后能够连续运转，如果采用点动控制则不可行。为了实现电动机的连续控制，可采用接触器自锁的单向连续控制电路，即所谓的长动控制。图 3-2-1 所示为电动机长动控制的原理图。

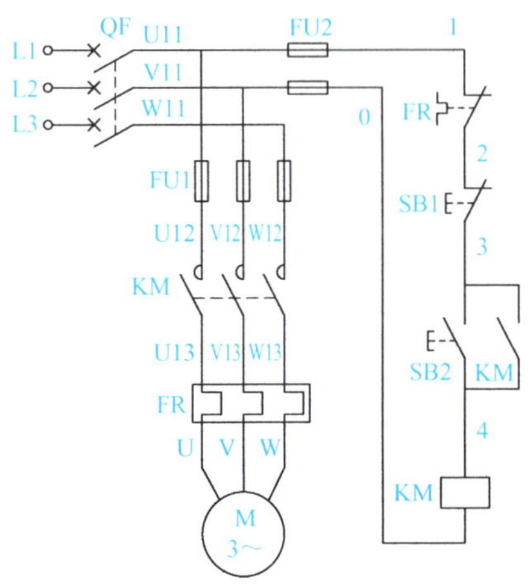

图 3-2-1　电动机长动控制原理图

讨论

如何实现电动机的长动控制？电动机的长动控制有哪些实际应用？

机床案例动画

【知识巩固】

一、原理分析

长动控制原理动画

三相异步电动机的长动控制电路是一种具有自锁环节的控制电路。电路包括主电路和控制电路、起动按钮 SB2，停止按钮 SB1。

在电动机长动控制中，接触器 KM 通过自身动合辅助触点而使线圈保持得电状态的功能称为自锁。与按钮 SB2 并联起自锁作用的动合辅助触点称为自锁触点。

二、元件材料

电动机长动控制电路元件清单见表 3-2-1。

表 3-2-1 电动机长动控制电路元件清单

序号	名称	型号与规格	数量	单位
1	三相异步电动机	Y132S－4，7.5kW，380V，15.4A	1	台
2	熔断器	RT18－32，500V，配 32A 熔体	5	只
3	低压断路器	DZ47－60 D20，400V，20A	1	只
4	按钮	LAY3－11，2.5A，红、绿色各一只	2	只
5	接触器	CJ20－10，线圈 380V	1	只
6	热继电器	JR36－20，20A	1	只
7	端子排	TB1510L，600V，15A，10 节或配套自备	1	条
8	木螺钉	ϕ3mm×20mm，ϕ3mm×15mm	若干	个
9	导线	BVR 2.5mm^2、BVR 1.5mm^2（颜色自定）	若干	m
10	保护接地线（PE）	BVR 1.5mm^2，黄绿双色线	若干	m

三、线路安装

根据电动机长动控制接线图，完成三相异步电动机长动控制线路的搭建。图 3-2-2 为接线示意图。

四、线路检修

1. 检查主电路

图 3-2-3 为主电路检修的流程图，断开控制电路，闭合断路器 QF。用万用表分别测量断路器 QF 下端子 U11～V11、U11～W11、W11～V11 之间的电阻，应均为开路（$R\to\infty$）。如果某次为短路，则说明测量两相之间的接线有短路现象。

按下接触器 KM 的动触点，辅助动合触点应闭合，辅助动断触点应断开。接触器完好时，按下接触器 KM 的动触点，用万用表测量断路器 QF 下端子 U11～V11、U11～W11、

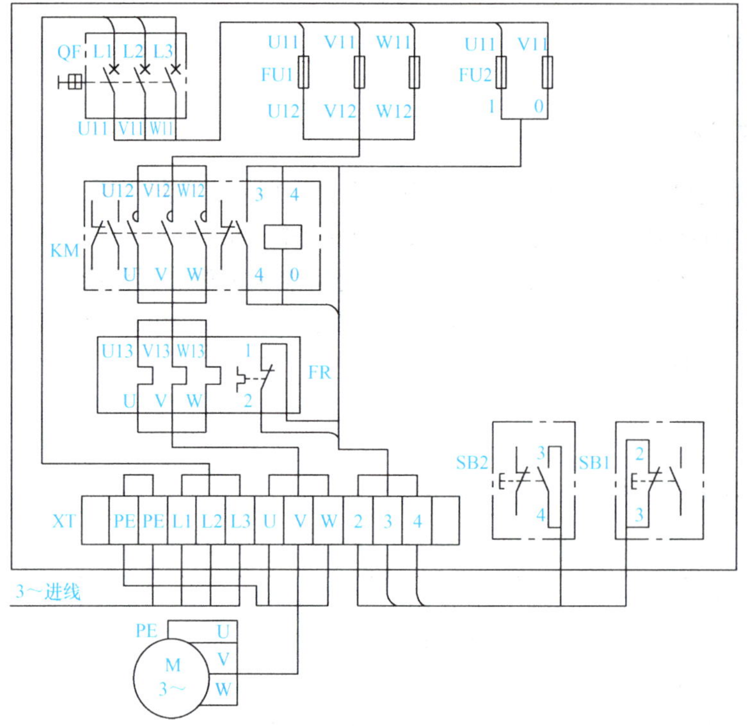

图 3-2-2　电动机长动控制接线图

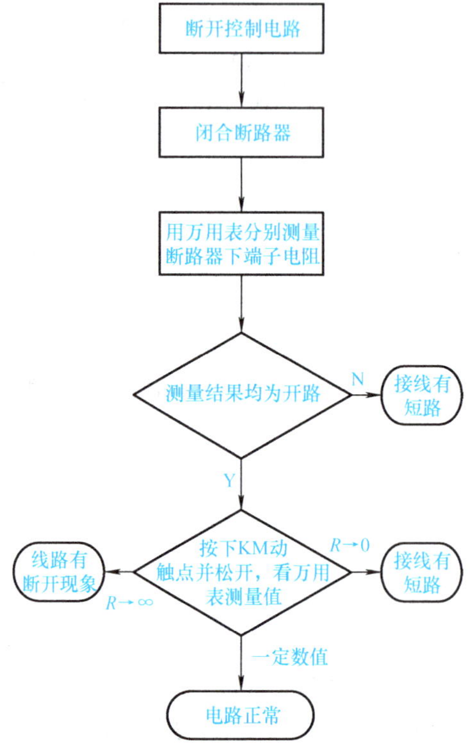

图 3-2-3　主电路检修流程图

W11～V11 之间的电阻，松开接触器 KM 的动触点，万用表显示由通到断。若某次结果为开路（$R\rightarrow\infty$），则说明两相之间有断开现象；若某次结果为短路（$R\rightarrow 0$），则说明所测量两相之间有短路现象。

2. 检查控制电路

图 3-2-4 为控制电路检查流程图，检查控制电路中按钮、接触器辅助触点之间的接线有无漏接、错接、虚接现象，注意每一对触点的上下端子接线不可颠倒，同一根导线两端线号应相同。

取下主电路熔断器熔体，断开主电路，用万用表分别接到控制电路熔断器下端子 0、1 号线上。按下起动按钮 SB2，测得 KM 线圈的电阻值；当按下 SB2 的同时再按下 SB1，显示电路由通到断，万用表显示结果为开路（$R\rightarrow\infty$）。

检查线路接线是否完整
↓
断开主电路
↓
万用表接熔断器输出0、1号线
↓
按下SB2，测得KM线圈电阻值
↓
按下SB2的同时再按下SB1，万用表由通到断

图 3-2-4　控制电路检查流程图

3. 检查自锁电路

按下接触器 KM 的动触点，测得 KM 线圈的电阻值；当按下 KM 的动触点时，再按下停止按钮 SB1，万用表显示电路由通到断。如果发现异常，则应该重点检查接触器触点上下端子的连线以及线圈有无断线和接触不良。

4. 检查过载保护电路

取下热继电器的盖板，轻拨热元件自由端使其触点动作，应测得热继电器常闭触点由断至通，然后按下复位按钮使触点复位。

五、运行调试

调试前，检查三相电源，将热继电器按电动机的额定电流整定好，检查各电气设备是否有不安全因素存在，若查出，立即修改。

1. 功能试验

拆除电动机绕组的连线，合上开关 QF（软件中用鼠标左键单击）。按下 SB2，KM 线圈得电动作，触点闭合；按下 SB1，KM 线圈失电，触点断开。

2. 仿真调试

恢复电动机连线，做好停车准备。

图 3-2-5 为电动机长动控制仿真接线图，合上断路器 QF，接通电源；按下起动按钮 SB2，查看三相异步电动机是否正向且连续运转（电动机旁边箭头 ↗ 为顺时针旋转）；按下停止按钮 SB1，查看电动机是否停止运行。

长动运行仿真调试

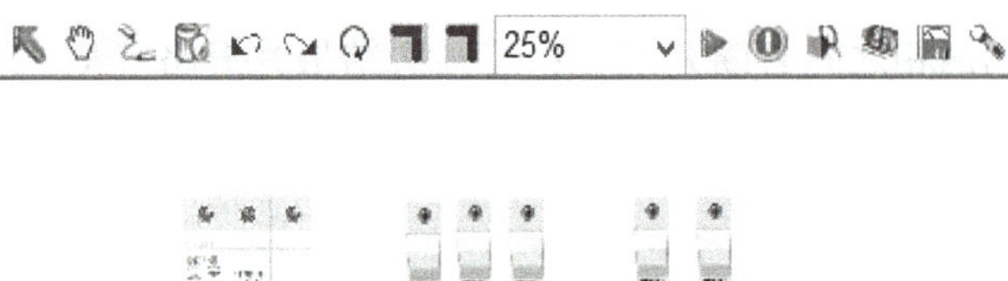

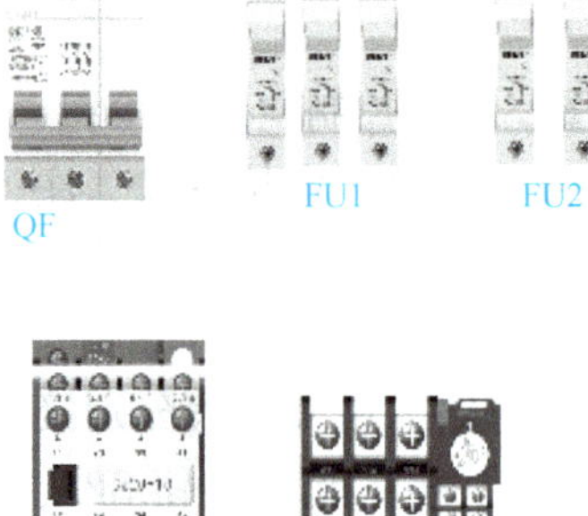

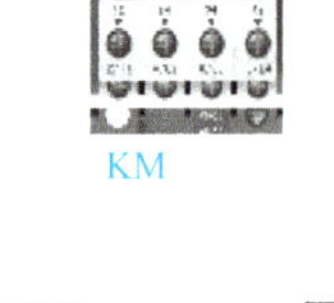

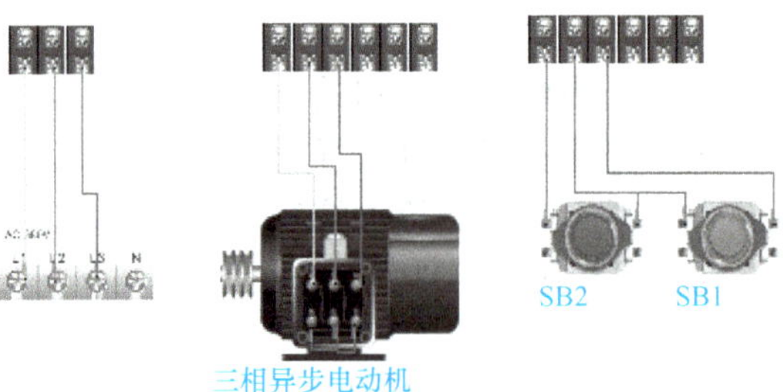

图 3-2-5　电动机长动控制仿真接线图

六、故障检测

故障现象：对于电动机的长动控制，主要故障现象为电动机 M 不转动或者电动机不能连续运转，只能点动。

故障分析：

1）对于电动机不能转动，可能存在的问题是主电路熔断器 FU1 断路、电路有断点及电动机 M 绕组存在故障；或者是控制电路中熔断器断路、1 号线与 2 号线之间按钮动合触点接触不良等原因。

2）对于电动机不能连续运行，可能的原因是控制电路中，接触器动合触点不能动作，使控制电路异常。

检查步骤：

1）对于电动机不能转动，按住起动按钮 SB2，查看接触器线圈是否通电。如果通电，则是主电路的问题，可重点检查电动机 M 绕组；若接触器 KM 未通电，则为控制电路问题，应重点查看熔断器 FU2、热继电器辅助动断触点以及按钮 SB1 动断触点。

2）对于电动机不能连续运转，重点检查控制电路接触器 KM 辅助动合触点。

活动三 电动机的点、长动控制

【新课导入】

在机床电气设备正常工作时，电动机一般处于连续运行状态，但是在试车或者是调整刀具与加工工件位置时，则需要电动机能够实现点动控制，则要求连续与点动混合控制。图 3-3-1 为电动机点、长动控制的案例及点、长动控制原理图。

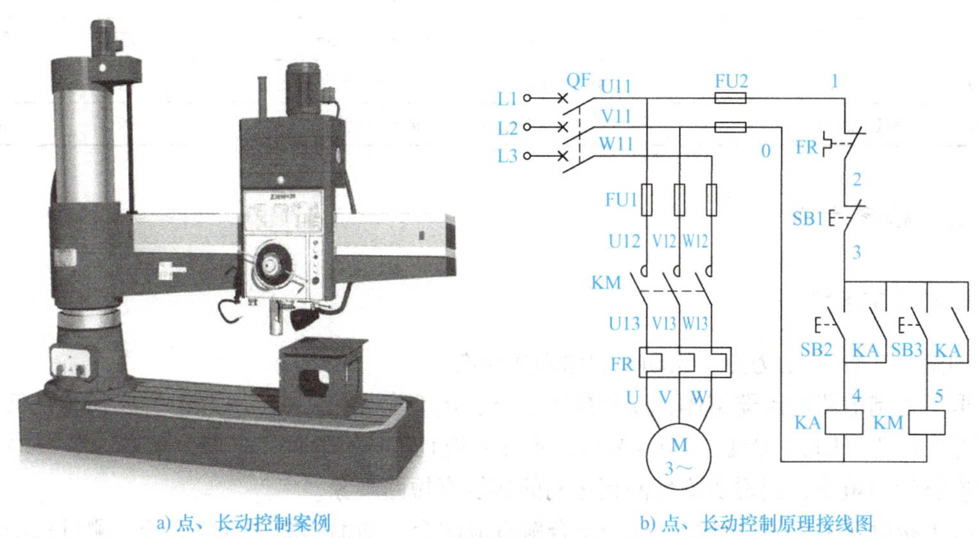

a) 点、长动控制案例　　b) 点、长动控制原理接线图

图 3-3-1　电动机点、长动控制案例及点、长动控制原理接线图

讨论

如何实现电动机的点、长动控制？电动机的点、长动控制有哪些实际应用？

【知识巩固】

一、原理分析

电动机点、长动控制就是在一个电路中要求既能够实现点动控制，又能够实现长动控制。这样一个电路包括主电路和控制电路，控制电路中，SB3 为点动控制起动按钮，SB2 为长动起动按钮，SB1 为停止按钮。

二、元件材料

电动机点、长动控制电路元件清单见表 3-3-1。

表 3-3-1　电动机点、长动控制电路元件清单

序号	名称	型号与规格	数量	单位
1	三相异步电动机	Y132S－4，7.5kW，380V，15.4A	1	台
2	熔断器	RT18－32，500V，配 32A 熔体	5	只
3	低压断路器	DZ47－60 D20，400V，20A	1	只
4	按钮	LAY3－11，2.5A，红色一只，绿色两只	3	只
5	接触器	CJ20－10，线圈 380V	1	只
6	热继电器	JR36－20，20A	1	只
7	中间继电器	JZC1－44，线圈 380V	1	只
8	端子排	TB1510L，600V，15A，10 节或配套自备	1	条
9	木螺钉	ϕ3mm×20mm，ϕ3mm×15mm	若干	个
10	导线	BVR 2.5mm^2、BVR 1.5mm^2（颜色自定）	若干	m
11	保护接地线（PE）	BVR 1.5mm^2，黄绿双色线	若干	m

三、检修电路

1. 检查主电路

如图 3-3-1b 所示为点、长动控制原理接线图。

取下控制电路熔断器熔体，断开控制电路，闭合断路器 QF。用万用表分别测量低压断路器 QF 下端子 U11～V11、U11～W11、W11～V11 之间的电阻，应均为开路（$R\to\infty$）。如果某次测量为短路，则说明测量两相之间的接线有短路现象。

按下接触器 KM 的动触点，辅助动合触点应闭合，辅助动断触点应断开，测量接触器线圈电阻。接触器完好时，按下接触器 KM 的动触点，用万用表测量断路器 QF 下端子 U11～V11、U11～W11、W11～V11 之间的电阻，松开接触器 KM 的动触点，万用表显示由通到断。若某次测量结果为开路（$R\to\infty$），则说明两相之间有断开现象；若某次测量结果为短路（$R\to0$），则说明所测量两相之间有短路现象。

2. 检查控制电路

检查控制电路中按钮、接触器辅助触点之间的接线有无漏接、错接、虚接现象，注意每一对触点的上下端子接线不可颠倒，同一根导线两端线号应相同。

取下主电路熔断器熔体，断开主电路，用万用表分别接到控制电路熔断器下端子 0、1 号线上。按下中间继电器 KA 的动触点，测得中间继电器 KA 与接触器线圈的电阻并联值。在按下中间继电器 KA 的同时，再按下停止按钮 SB1，万用表显示由通到断。分别按下 SB2、SB3 按钮，对应测得继电器 KA、接触器 KM 线圈电阻值。

3. 检查自锁电路

按下中间继电器 KA 的动触点，测得中间继电器 KA 和接触器 KM 线圈的电阻并联值。在按下中间继电器的同时，在按下停止按钮 SB1，万用表显示由通到断。若发现异常，重点

检查接触器自锁线、触点上下端子的连线及线圈有无断线和接触不良。容易发生错误的是KA的自锁触点接触位置，将动断触点误接成自锁线的动合触点使用，使控制电路动作异常。

4. 检查过载保护电路

取下热继电器的盖板，轻拨热元件自由端使其触点动作，应测得热继电器动断触点由断至通，然后按下复位按钮使触点复位。

四、运行调试

调试前，检查三相电源，将热继电器按电动机的额定电流整定好，检查各电气设备是否有不安全因素存在，若查出，立即修改。

1. 功能试验

拆除电动机绕组的连线，合上开关QF（软件中用鼠标左键单击）。

按下起动按钮SB2，KA线圈得电自锁，KM线圈得电动作，KM主触点并保持闭合状态；若按下停止按钮SB1，KA、KM线圈失电。

按下SB3点动起动按钮，KM线圈得电动作；松开点动起动按钮SB3，KM线圈立即失电。

2. 仿真调试

恢复电动机连线，做好停车准备。合上断路器QF（软件中用鼠标左键单击），接通电源。

如图3-3-1所示为电动机点、长动控制接线图，按下按钮SB2，KA、KM线圈得电动作，电动机起动运行（电动机旁边箭头/为顺时针旋转），观察电动机的起动情况。如果按下停止按钮SB1，KA、KM线圈失电，电动机停止。

按下SB3点动起动按钮，KM线圈得电动作，电动机起动；松开按钮SB3，电动机停止运转。

五、故障检测

故障现象：对于电动机的点、长动控制，主要故障现象为电动机M不能起动或者电动机不能点动。

故障分析：

1）对于电动机不能起动，可能存在的问题是主电路熔断器FU1断路、热继电器主电路有断点及电动机M绕组存在故障；或者是控制电路中，熔断器断路、1号线与2号线之间热继电器动断触点接触不良、按钮SB1动断触点接触不良等原因。

2）对于电动机不能点动的情况，可能的原因是按钮SB3动合触点压合接触不良等。

检查步骤：

1）对于电动机不能转动，按住起动按钮SB2，查看接触器线圈是否通电。如果通电，则是主电路的问题，可重点检查电动机M的绕组；若接触器KM未通电，则为控制电路问题，应重点查看熔断器 FU2、热继电器辅助动断触点以及按钮 SB1 动断触点。

2）对于电动机不能点动，应该按下按钮 SB3，观察接触器 KM 线圈是否得电。若接触器 KM 线圈未得电，则重点检查按钮 SB3 的动合触点。

活动四　电动机的两地控制

【新课导入】

在大型机床设备中，为了操作方便，常常要求能在多个地点对同一台电动机进行操作控制，这种控制方式称为多地控制。图 3-4-1 所示为大型机床模型及两地控制原理接线图。

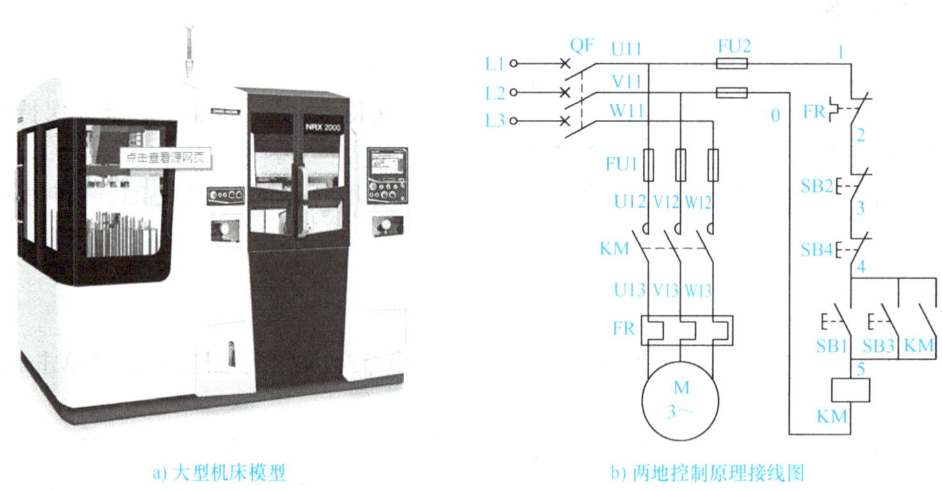

a) 大型机床模型　　b) 两地控制原理接线图

图 3-4-1　大型机床模型及两地控制原理接线图

讨论

如何实现电动机的两地控制？电动机的两地控制有哪些实际应用？

两地控制原理动画

【知识巩固】

一、原理分析

电路由主电路与控制电路组成，控制电路中，SB1、SB2 分别是 A 地的起动、停止按钮，SB3、SB4 分别是 B 地的起动、停止按钮。

二、元件材料

电动机两地控制电路元件清单见表 3-4-1 所示。

表 3-4-1 电动机两地控制电路元件清单

序号	名称	型号与规格	数量	单位
1	三相异步电动机	Y132S-4，7.5kW，380V，15.4A	1	台
2	熔断器	RT18-32，500V，配32A熔体	5	只
3	低压断路器	DZ47-60 D20，400V，20A	1	只
4	按钮	LAY3-11，2.5A，红、绿色各两只	4	只
5	接触器	CJ20-10，线圈380V	1	只
6	热继电器	JR36-20，20A	1	只
7	端子排	TB1510L，600V，15A，10节或配套自备	1	条
8	木螺钉	ϕ3mm×20mm，ϕ3mm×15mm	若干	个
9	导线	BVR 2.5mm^2、BVR 1.5mm^2（颜色自定）	若干	m
10	保护接地线（PE）	BVR 1.5mm^2，黄绿双色线	若干	m

三、线路检修

电动机两地控制线路搭建按照前面电路要求搭建，具体线路的连接根据原理图连接。线路搭建完毕后，需要对线路进行检查。图3-4-1b为电动机两地控制原理接线图。

1. 检查主电路

电动机两地控制的主电路与电动机点动及点、长动的主电路相同。

2. 检查控制电路

取下主电路熔断器熔体，断开主电路，用万用表分别接到控制电路熔断器下端子0、1号线上。按下接触器的动触点，测得接触器线圈的电阻并联值。在按接触器的动触点的同时，再按下停止按钮SB2，万用表显示由通到断，或者按下SB4，万用表也同样显示由通到断。分别按下SB1、SB3按钮，测得接触器KM线圈电阻值，且两次测得数值应该相等。

四、运行调试

调试前，检查三相电源，将热继电器按电动机的额定电流整定好，检查各电气设备是否有不安全因素存在，若查出，立即修改。

在仿真调试前，需要对线路进行功能调试，功能调试正常后，才能进行仿真调试。

A地起停过程：

按下按钮SB1，KM线圈得电，KM主触点闭合，电动机得电运行；

按下按钮SB2，KM线圈失电，KM主触点分断，电动机停止运行。

B地起停过程：

按下按钮SB3，KM线圈得电，KM主触点闭合，电动机得电运行；

按下按钮SB4，KM线圈失电，KM主触点分断，电动机停止运行。

五、故障检测

故障现象：电动机两地控制主要故障现象为电动机M不能起动。

故障分析：对于电动机不能起动，可能存在的问题是主电路熔断器 FU1 断路、热继电器主电路有断点及电动机 M 绕组存在故障；或者是控制电路中，熔断器断路，热继电器动断触点接触不良，按钮 SB2、SB4 动断触点接触不良等原因。

检查步骤：按住起动按钮 SB1 或者 SB3，查看接触器线圈是否通电。如果通电，但 KM 主触点不动作，则是主电路的问题，可重点检查电动机 M 绕组；若接触器 KM 未通电，则为控制电路问题，应重点查看熔断器 FU2、热继电器辅助动断触点以及按钮 SB2、SB4 动断触点。

活动五　电动机的顺序控制

【新课导入】

在机械设备中，为了保证操作正确，安全可靠，有时需要按一定顺序对多台电动机进行起动和停止操作。例如，铣床上要求主轴电动机转动后，进给电动机才能起动。

 讨论

两节传送带在工作的时候，控制哪一节传送带的电动机先起动？机床工作的时候，主轴电动机和进给电动机哪台电动机应该先起动？怎样实现两台电动机的顺序起动与逆序停止？

传送带工作图

【知识巩固】

一、原理分析

两台电动机顺序起动、逆序停止中，要求 M1 电动机先起动，M2 电动机才能起动；停止的时候 M2 电动机需要先停止，M1 电动机才能停止。

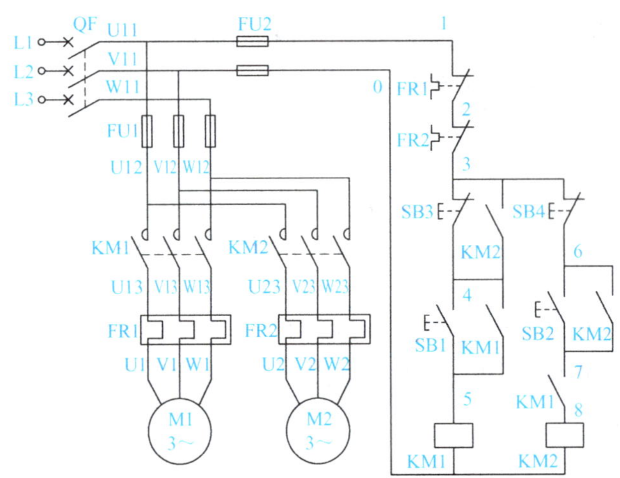

图 3-5-1　电动机顺序控制原理电路

二、元件材料

电动机顺序控制电路元件清单见表3-5-1。

表3-5-1 电动机顺序控制电路元件清单

序号	名称	型号与规格	数量	单位
1	三相异步电动机	Y132S-4，7.5kW，380V，15.4A	2	台
2	熔断器	RT18-32，500V，配32A熔体	5	只
3	低压断路器	DZ47-60 D20，400V，20A	1	只
4	按钮	LAY3-11，2.5A，红、绿色各两只	4	只
5	接触器	CJ20-10，线圈380V	2	只
6	热继电器	JR36-20，20A	2	只
7	端子排	TB1510L，600V，15A，10节或配套自备	1	条
8	木螺钉	ϕ3mm×20mm，ϕ3mm×15mm	若干	个
9	导线	BVR 2.5mm^2、BVR 1.5mm^2（颜色自定）	若干	m
10	保护接地线（PE）	BVR 1.5mm^2，黄绿双色线	若干	m

三、线路检修

线路搭建完毕后，需要对线路进行检查。

断开控制电路，完成主电路的检查。断开主电路，接通控制电路。万用表接到控制电路熔断器下端子0、1号线上。按下SB1，测得KM1线圈的电阻值，然后按下SB3，测得结果为断路（$R\to\infty$）。按下KM1动触点，测得KM1线圈的电阻值，如果结果是开路，则应检查KM1的自锁触点是否正常，端子是否有脱落。松开KM1的动触点，测得结果为断路。如果测得结果为短路，则应检查接线是否有误。

按下SB1，测出KM1线圈的电阻值的同时，按下KM2动触点，测得KM1和KM2线圈电阻并联值。若按下SB3，测得KM2线圈的电阻值，再松开KM2的动触点，万用表应显示电路由通到断。

四、运行调试

调试前，检查三相电源，将热继电器按电动机的额定电流整定好，检查各电气设备是否有不安全因素存在，若查出，立即修改。

仿真调试：在仿真调试前，需要对线路进行功能调试，功能调试正常后，才能进行仿真调试。

合上断路器QF，接通电源；按下SB1按钮，电动机M1起动。再按下SB2按钮，电动机M2起动并运行。按下按钮SB4，KM2线圈失电，电动机M2电源被切断，电动机停转；按下SB3，电动机M1停止运行。通电试车完毕，切断电源。先拆除三相电源线，再拆除电动机线。

电动机顺序控制仿真动画

五、故障检测

该电路主要故障现象为电动机 M1 不能起动、电动机 M2 不能起动。

故障 1：M1 不能起动

故障分析：对于主电路而言，问题可能是熔断器 FU1 断路、热继电器主电路有断点、电动机 M 绕组有故障。对控制电路而言，问题可能是熔断器断路、1 至 2 间热继电器辅助触点接触不良、2 至 3 间热继电器辅助触点接触不良，按钮 SB3 动断触点接触不良。

检查步骤：按下按钮 SB1，查看接触器 KM1 线圈是否得电。如果得电，则是主电路的问题，重点检查电动机 M1 的绕组；若接触器 KM1 线圈未得电，则为控制电路问题，重点查看熔断器 FU1、FU2、1 号线和 2 号线间热继电器 FR1 动断触点、2 号线至 3 号线间热继电器 FR2 辅助动断触点及按钮 SB3 动断触点。

故障 2：电动机 M2 不能起动

故障分析：对于主电路而言，可能是因为接触器 KM2 主触点接触不良、热继电器主电路有断点及电动机 M2 绕组有故障。对控制电路而言，可能存在按钮 SB4 动断触点接触不良、按钮 SB2 动合触点压合接触不良及接触器 KM2 线圈损坏等问题。

检查步骤：按下按钮 SB2，查看接触器 KM2 线圈是否得电。如果接触器 KM2 线圈得电，则检查接触器 KM2 主触点；若接触器 KM2 线圈未得电，则重点检查按钮 SB4 在 3 号线和 6 号线间的动断触点。

活动六　电动机的延时起停控制

【新课导入】

电动机的延时起动、延时停止控制是指发出起动或停止信号后，电动机延时一段时间再执行操作。例如，发出起动信号后，延时 20s 后电动机才起动运行；发出停止信号后，延时 30s 后电动机才停止。

如何实现这种延时起动与延时停止功能呢？电动机延时起停在现实生活中有哪些应用？

【知识巩固】

一、原理分析

电动机的延时起停控制电路包括主电路、控制电路和电源电路，其中 SB1 为起动按钮，SB2 为停止按钮，如图 3-6-1 所示。

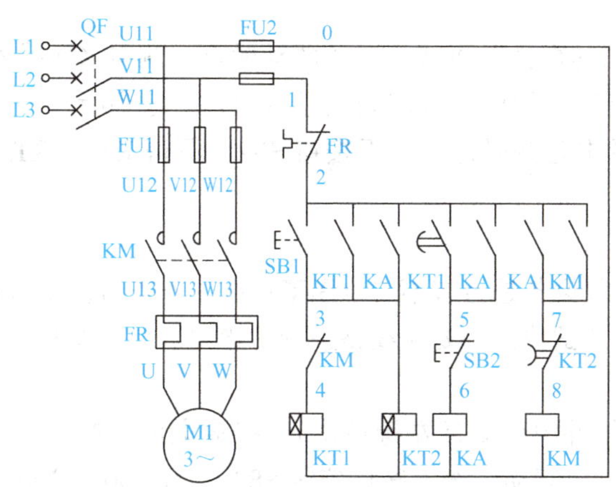

图 3-6-1　电动机延时起停控制电路原理图

二、元件材料

电动机延时起停控制电路元件清单见表 3-6-1。

表 3-6-1　电动机延时起停控制电路元件清单

序号	名称	型号与规格	数量	单位
1	三相异步电动机	Y132S－4，7.5kW，380V，15.4A	1	台
2	熔断器	RT18－32，500V，配 32A 熔体	5	只
3	低压断路器	DZ47－60 D20，400V，20A	1	只
4	按钮	LAY3－11，2.5A，红、绿色各一只	2	只
5	接触器	CJ20－10，线圈 380V	1	只
6	热继电器	JR36－20，20A	1	只
7	时间继电器	JS7 系列通电延时	2	只
8	端子排	TB1510L，600V，15A，10 节或配套自备	1	条
9	木螺钉	ϕ3mm×20mm，ϕ3mm×15mm	若干	个
10	导线	BVR 2.5mm^2、BVR 1.5mm^2（颜色自定）	若干	m
11	保护接地线（PE）	BVR 1.5mm^2，黄绿双色线	若干	m

三、线路检修

线路搭建完毕后，需要对线路进行检查。电动机延时起停原理图如图 3-6-1 所示。

断开控制电路，完成主电路的检查。断开主电路，接通控制电路。将万用表接到控制电路熔断器下端子 0、1 号线上。按下起动按钮 SB1，测得 KT1 和 KT2 线圈电阻的并联值，松开 SB1，测得结果为断路（$R\to\infty$）。刚按下 KT1 电磁机构的衔铁时，测出 KT1、KT2 线圈电阻并联值，再按下 KM 的动触点，测得 KT2 线圈的电阻值。松开 KT1 电磁机构的衔铁，万用表应显示由通到断。

按下 KT2 电磁机构的衔铁，再按下 KM 的动触点，测得 KM 线圈的电阻值。松开 KT2 的电磁机构的衔铁，延时几秒后，万用表应显示的是由通到断。按下 KA 的动触点，测出 KA、KT1、KT2 线圈的电阻并联值，按下按钮 SB2，测得 KT1、KT2 线圈电阻的并联值。

四、运行调试

调试前，检查各电气设备是否有不安全因素存在，若查出，立即修改。

仿真调试：在仿真调试前，需要对线路进行功能调试，功能调试正常后，才能进行仿真调试。

合上断路器 QF（软件中用鼠标左键单击），接通电源；按下 SB1 起动按钮，延时 20s，电动机起动。按下停止按钮 SB2，延时 30s，KM 线圈失电，电动机制动。通电试车完毕，停转，切断电源。先拆除三相电源线，再拆除电动机线。

电动机延时起停仿真动画

五、故障检测

主要故障现象为电动机 M 不能起动、电动机 M 不能停车。

故障 1：电动机 M 不能起动

故障分析：对主电路而言，可能是熔断器 FU1 断路、热继电器主电路有断点及电动机 M 绕组有故障；对控制电路而言，可能是熔断器断路、1 至 2 号线之间热继电器辅助触点接触不良、时间继电器 KT1 不动作等问题。

检查步骤：按下按钮 SB1，查看接触器 KM 线圈是否得电。如果得电，则是主电路的问题，可重点检查电动机 M 的绕组；若接触器 KM 线圈未得电，则为控制电路问题，应重点查看熔断器 FU1、FU2、1 号线和 2 号线间热继电器动断触点、时间继电器 KT1。

故障 2：电动机不能停止

故障分析：对于主电路而言，可能是由于接触器 KM 主触点熔焊而无法断开。对控制电路而言，可能是由于时间继电器 KT2 不动作等。

检查步骤：按下按钮 SB2，查看接触器 KM 线圈是否失电。如果接触器 KM 线圈失电，则检查接触器 KM 主触点；若接触器 KM 线圈仍得电，则重点检查中间继电器 KA 在 2 号线和 3 号线间的动合触点及时间继电器 KT2。

活动七　电动机的接触器联锁正反转控制

【新课导入】

正转控制线路只能使电动机向一个方向旋转，带动生产机械的运动部件向一个方向运动，但是许多生产机械往往要求运动部件能向正反两个方向运动。

起重机工作动画

讨论

如何实现电动机的正反转控制？电动机的正反转运动在实际中有哪些应用？

【知识巩固】

一、电路分析

1. 原理分析

接触器联锁正反转是通过主电路中用两组接触器的主触点，分别构成正转相序接线和反转相序接线实现的。正转线圈得电，电动机正转；反转线圈得电，电动机反转。

2. 电路保护

在电动机正反转运行控制中，若在操作时 SB1、SB2 都按下时，KM1、KM2 线圈都通电，KM1、KM2 的主触点都闭合，此种情况下会造成电源线 L1、L2、L3 直接短路。

所以，电路设计中加了电气联锁，这样就可以保证不会发生短路的严重后果了，如图 3-7-1 所示。

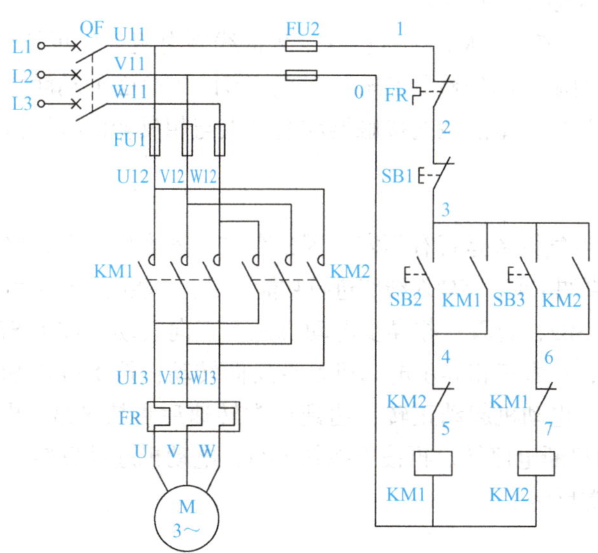

图 3-7-1　电动机正反转原理接线图

利用两个接触器的动断触点串入对方线圈电路中，使之只能有一个线圈电路接通，这种两条电路之间相互制约的作用叫作电气联锁。

二、元件材料

电动机正反转控制电路元件清单见表 3-7-1。

表 3-7-1　电动机正反转控制电路元件清单

序号	名称	型号与规格	数量	单位
1	三相异步电动机	Y132S－4，7.5kW，380V，15.4A	1	台
2	熔断器	RT18－32，500V，配 32A 熔体	5	只
3	低压断路器	DZ47－60 D20，400V，20A	1	只
4	按钮	LAY3－11，2.5A，红色一只，绿色两只	3	只
5	接触器	CJ20－10，线圈 380V	2	只
6	热继电器	JR36－20，20A	1	只
7	端子排	TB1510L，600V，15A，10 节或配套自备	1	条
8	木螺钉	ϕ3mm×20mm，ϕ3mm×15mm	若干	个
9	导线	BVR 2.5mm^2、BVR 1.5mm^2（颜色自定）	若干	m
10	保护接地线（PE）	BVR 1.5mm^2，黄绿双色线	若干	m

三、线路检修

如图 3-7-1 所示的接触器联锁正反转电路中，线路搭建完毕后，检查线路时需要注意以下几点。

1）主电路接触器 KM1 和 KM2 主触点间换相线时，若接错电动机将不能反向运行。

2）自锁部分，分别按下 KM1 或 KM2 的动触点，对应测得接触器线圈的电阻值，再按下按钮 SB1，万用表应显示电路由通而断。若发现异常，重点检查接触器自锁线、触点上下端子的连接及线圈有无断线和接触不良。

3）联锁电路部分，按下 KM1 的动触点，测得线圈电阻值，再按下 KM2 的动触点，万用表应显示电路由通而断，同理检测 KM2。若将 KM1 和 KM2 的动触点同时按下，万用表应显示为断路。如发现异常，重点检查接触器动断触点与相反转向接触器线圈的连接。

四、运行调试

调试前，检查各电气设备是否有不安全因素存在，若查出，立即修改。

仿真调试：在仿真调试前，需要对线路进行功能调试，功能调试正常后，才能进行仿真调试。

接通电源；按下 SB2，查看三相异步电动机是否正向转动；按下 SB1，查看电动机是否停止运行。按下 SB3，查看三相异步电动机是否反向转动；按下按钮 SB1，查看电动机是否停止运行。按下 SB2，电动机起动正转，达到正常转速后再按 SB3，电动机仍然正常正转。当按下 SB1 时，电动机断电停转。再按下按钮 SB3，电动机起动反转，达到正常转速后再按 SB2，电动机仍然正常反转。

五、故障检测

主要故障现象为电动机 M 不能起动、电动机 M 不能正转、电动机 M 不能反转。

故障 1：电动机不能正转

故障分析：对主电路而言，可能是 KM1 主触点接触不良；对控制电路而言，可能是 SB2 动合触点压合接触不良、KM2 在 4 至 5 号线间的触点接触不良以及接触器 KM1 线圈损坏等。

检查步骤：按下正转按钮 SB2，查看接触器 KM1 线圈是否得电。如果接触器 KM1 线圈得电，则检查接触器 KM1 主触点；若接触器 KM1 线圈未得电，则重点检查接触器 KM2 在 4

号线和 5 号线间的动断触点。

电动机不能反转故障分析与故障的检查步骤与正转相似。

故障 2：电动机不能停止

故障分析：对于主电路而言，可能是由于接触器 KM 主触点熔焊而无法断开。对于控制电路而言，可能是由于按钮 SB1 不动作等。

检查步骤：按下按钮 SB2，查看接触器 KM 线圈是否失电。如果接触器 KM 线圈失电，则检查接触器 KM 主触点；若接触器 KM 线圈仍得电，则重点检查按钮 SB1 在 2 号线和 3 号线间的动断触点。

活动八　小车自动往返控制

【新课导入】

小车在起点装好物料，然后运行到终点，将车里的物料翻倒出来，再退回到起点。当到达起点时又碰到行程开关，继续装料并且运送翻倒，由此便形成了一条自动生产线。

 讨论

如何实现小车自动往返运动呢？

小车自动往返动画

【知识巩固】

一、电路分析

小车自动往返控制接线图如图 3-8-1 所示，电路包括主电路、控制电路，其中 SB1 为正向起动按钮，SB2 为反向起动按钮，SQ1 为反向限位行程开关，SQ2 为正向限位行程开关。

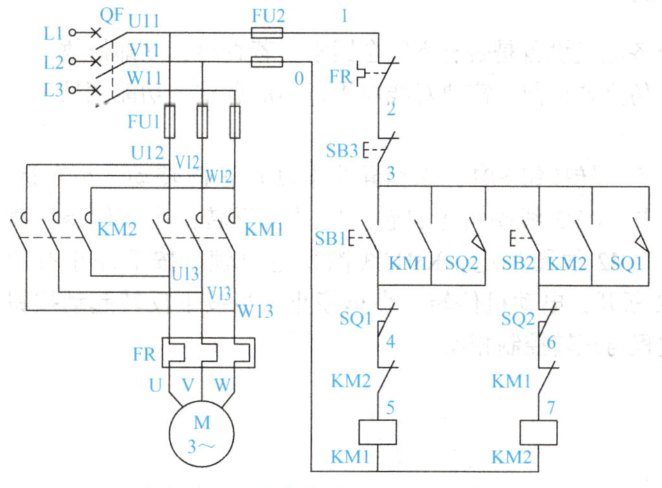

图 3-8-1　小车自动往返控制接线图

小车自动往返控制原理

二、元件材料

小车自动往返控制电路元件清单见表3-8-1。

表3-8-1 小车自动往返控制电路元件清单

序号	名称	型号与规格	数量	单位
1	三相异步电动机	Y132S－4，7.5kW，380V，15.4A	1	台
2	熔断器	RT18－32，500V，配32A熔体	5	只
3	低压断路器	DZ47－60 D20，400V，20A	1	只
4	按钮	LAY3－11，2.5A，红色一只，绿色两只	3	只
5	接触器	CJ20－10，线圈380V	2	只
6	热继电器	JR36－20，20A	1	只
7	行程开关	JWM6－11	2	只
8	端子排	TB1510L，600V，15A，10节或配套自备	1	条
9	木螺钉	ϕ3mm×20mm，ϕ3mm×15mm	若干	个
10	导线	BVR 2.5mm^2、BVR 1.5mm^2（颜色自定）	若干	m
11	保护接地线（PE）	BVR 1.5mm^2，黄绿双色线	若干	m

三、线路检修

图3-8-1所示为小车自动往返控制接线图，在自动往返控制中，注意观察行程开关的联锁电路。压下行程开关SQ1，测得接触器KM1线圈的电阻值；再压下行程开关SQ2，万用表应显示电路由通而断。先压下行程开关SQ2，测得接触器KM2线圈的电阻值；再压下行程开关SQ1，万用表显示电路由通而断。

若同时压下行程开关SQ1、SQ2时，接触器KM1和KM2无论闭合或断开，万用表都显示为断路。

四、运行调试

调试前，检查各电气设备是否有不安全因素，若查出，立即修改。

仿真调试：在仿真调试前，需要对线路进行功能调试，功能调试正常后，才能进行仿真调试。

接通电源，按下正转按钮SB1，三相异步电动机正向转动，小车运行，碰到行程开关SQ2，KM1线圈失电，KM2线圈得电自锁，电动机反转；小车倒退，碰到行程开关SQ1，KM2线圈失电，KM1线圈得电自锁。按下停止按钮SB3，KM1或KM2断开，电动机停转，小车停止。当按下反转起动按钮SB2时，其控制过程与正转控制相反。

小车自动往返仿真

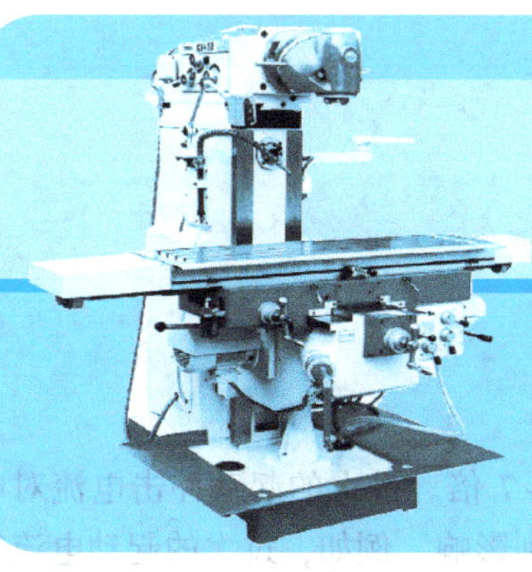

项目四

电动机的复杂控制

教学目标

知识目标

（1）了解常用电动机的复杂控制方法；
（2）了解常用电动机复杂控制的原理图接线方式；
（3）了解常用电动机复杂控制线路的搭建所需要用到的元件。

技能目标

（1）能识别出日常生活中的电动机设备所运用的控制方法；
（2）能正确选用电动机的复杂控制方法并用于实际项目；
（3）掌握电动机复杂控制方法，做到灵活运用。

情感目标

（1）培养学生善于思考的能力，激发学生学习的兴趣；
（2）培养学生严谨细致、一丝不苟的学习精神。

[活动指导]

活动一 电动机的Y-△减压起动控制

【新课导入】

在电动机全压起动过程中，起动电流为额定电流的4～7倍。过大的起动冲击电流对电动机本身和电网以及其他电气设备的正常运行都会造成不利影响。例如，过大的起动电流容易使电动机发热，导致电动机绝缘老化，影响电动机寿命；过大的起动电流还会造成电网电压大幅度地下降，这样会使电动机自身起动转矩减小，从而延长起动时间，增大起动过程的消耗，严重时甚至会导致电动机无法起动等。

因此，大容量的电动机需要采用减压起动的方式，常用的减压起动方式为Y-△减压起动。

讨论

如何实现电动机的Y-△减压起动呢？它的好处有哪些？在什么情况下可以运用Y-△减压起动？

【知识巩固】

一、电路分析

1. 电路结构

如图4-1-1a所示，主电路由三个接触器KM、KM△、KMY和热继电器FR组成。当KM、KMY主触点闭合时，电动机定子绕组的三个末端U2、V2、W2接在一起，这时电动机星形（Y）起动，降低了起动电压。

电动机起动后，当转速上升到接近额定转速值时，接触器KMY主触点断开，KM△主触点闭合，此时定子绕组改接为三角形，电动机在全压下运行。

控制电路如图4-1-1b所示，由以下元件组成：

1）熔断器FU2：控制电路的短路保护。

2）按钮SB1：控制电动机的起动运行；

3）按钮SB2：控制电动机的停止运行；

4）时间继电器KT：实现Y减压起动和完成Y-△切换。

Y-△减压起动原理

2. 原理分析

时间继电器KT控制Y-△减压起动控制线路，SB1为起动按钮，SB2为停止按钮。

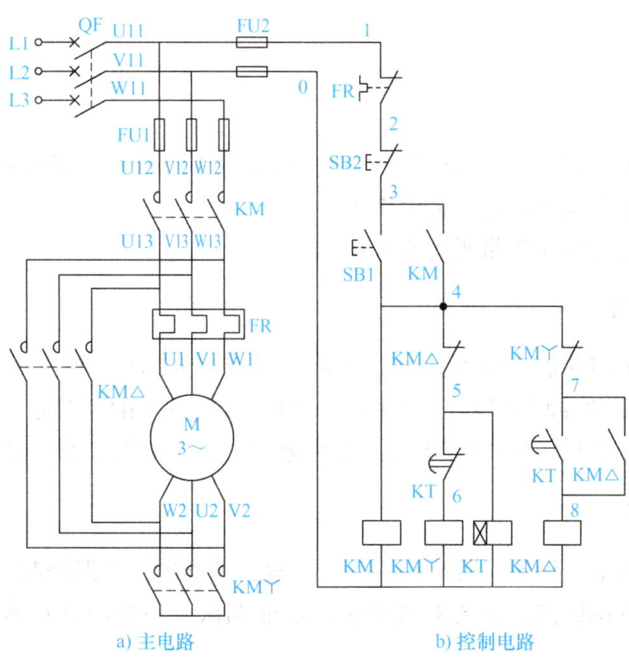

a) 主电路 b) 控制电路

图 4-1-1 ㄚ-△减压起动控制原理图

二、元件材料

电动机的ㄚ-△减压起动控制电路元件清单见表 4-1-1。

表 4-1-1 电动机的ㄚ-△减压起动控制电路元件清单

序号	名称	型号与规格	数量	单位
1	三相异步电动机	Y132S-4，7.5kW，380V，15.4A	1	台
2	熔断器	RT18-32，500V，配 32A 熔体	5	只
3	低压断路器	DZ47-60 D20，400V，20A	1	只
4	按钮	LAY3-11，2.5A，红、绿色各一只	2	只
5	接触器	CJ20-10，线圈 380V	3	只
6	热继电器	JR36-20，20A	1	只
7	时间继电器	JS7 系列通电延时	1	只
8	端子排	TB1510L，600V，15A，10 节或配套自备	1	条
9	木螺钉	ϕ3mm×20mm，ϕ3mm×15mm	若干	个
10	导线	BVR 2.5mm^2、BVR 1.5mm^2（颜色自定）	若干	m
11	保护接地线（PE）	BVR 1.5mm^2，黄绿双色线	若干	m

三、线路检修

1. 检查主电路

检查主电路 KM△与 KM丫主触点之间的换向线，若接错不仅会造成电动机不能转动，还可能不能转换成三角形运行，甚至会出现短路。

具体线路的检查与前面电路所述方式相同。

2. 检查控制电路

控制电路的检查与前面电路所述方式类似，当检查 KT 的控制作用时，需要按下 SB1，检测 KT 和 KM丫线圈的并联电阻值，再按住 KT 的衔铁，KT 的延时断开动合触点分断，切除 KM丫的线圈后，测得电阻值应该增大。如果数值不变，则应该检查相关导线是否接错。

四、运行调试

调试前，检查各电气设备是否存在不安全因素，若查出，立即修改。

仿真调试：仿真调试前，需要对线路进行功能调试，功能调试正常后，才能进行仿真调试。

如图 4-1-1 所示，闭合 QF，按下起动控钮 SB1，KM 线圈得电，KM 辅助触点闭合，KM△，KT 和 KM丫线圈得电；在时间继电器 KT 延时 t 时间内，KM 和 KM丫主触点闭合，电动机星形减压起动；延时时间 t 后，KT、KM丫线圈失电，KT 动断触点断开、动合触点闭合，KM△线圈得电，KM△主触点闭合，电动机三角形减压起动。

五、故障检测

1. 故障 1：电动机丫起动时发出“嗡嗡”声

故障现象：丫起动时电动机发出“嗡嗡”声，且电动机运转慢，延时结束后转入△全压起动。

故障分析：这是电动机丫起动断相运行，则其最小故障范围如图 4-1-2 中 A 区所示。

故障检修：根据如图 4-1-2 中 A 区所示的最小故障范围，切断电源，采用直流电阻法进行检测。用万用表检测 KM丫主触点是否良好；与 W2、U2、V2 连接的导线有无断线或松脱；丫联结的连接线端有无断线或松脱。

2. 故障 2：电动机△起动时发出“嗡嗡”声，起动较慢

故障现象：电动机丫起动时正常，延时结束后转入△全压起动时，电动机发出“嗡嗡”声，且电动机运转慢。

故障分析：电动机丫起动正常，则电动机三相电源正常，故障点应在△联结的接触器 KM△上或连接导线上，则最小故障范围如图 4-1-2 中 B 区所示。

故障检修：根据如图 4-1-2 中 B 区所示的最小故障范围，切断电源，用万用表检测 KM△主触点是否良好；与 W1、U1、V1、W2、U2、V2 连接的导线有无断线或松脱；△联结的连接线端有无断线或松脱。

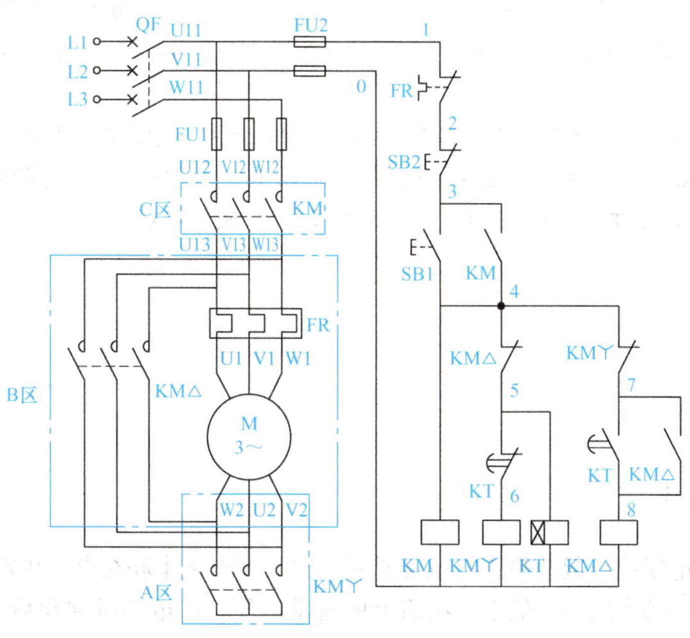

图 4-1-2 故障分析

3. 故障 3：电动机运行时发出“嗡嗡”声

故障现象：电动机Y起动或者△全压起动时都发出“嗡嗡”声，且电动机运转慢。

故障分析：这是典型的Y-△减压起动断相运行，则其最小故障范围如图 4-1-2 中 C 区所示。

故障检修：根据如图 4-1-2 中 C 区所示的最小故障范围，首先按下停止按钮，以接触器 KM 主触点为分界点，在主触点的上方采用电压测量法分别检测三相电源电压是否正常，如果正常，则故障出在 KM 主触点上，具体检测参照前面的检测方法。

4. 故障 4：电动机不能全压运行

故障现象：按下起动按钮 SB1 后，电动机Y起动运行，延时时间结束，KMY线圈失电，电动机停止，不会转入△运转。

故障分析：可能是 KM△主触点接触不良，控制电路 KT 不动作，KMY在 4、7 号线间的动断触点接触不良，KM△线圈损坏等。

故障检修：按下 SB1，延时结束后观察 KM△线圈是否通电。如果 KM△线圈得电，则重点检查 KM△主触点；若未得电，则重点检查 KT 是否动作，检查 KT 在 5、6 号线间的动断触点及 KM△在 7、8 号线间的动合触点。

5. 故障 5：电动机不能起动

故障现象：按下起动按钮 SB1 后，电动机不能起动。

故障分析：对主电路而言，可能是 FU1 断路、KM 主触点接触不良、FR 主电路有断点、电动机绕组有故障；对控制电路而言，可能是FU2断路，FR动断触点接触不良，SB2动断触点接触不良，KM△在4、5号线间的动断触点接触不良，KT在5、6号线间的动断触点接触不良。

故障检修：按下按钮SB1，观察接触器KM线圈、KMY线圈是否得电。如果得电，则是主电路问题，重点检查电动机M的绕组；若接触器KM未动作，则为控制电路的问题，重点检查FU2、FR动断触点、按钮SB2以及KT和KMY相关触点。

活动二 电动机的串电阻减压起动控制

【新课导入】

定子绕组串电阻减压起动是指在电动机起动时，把电阻串联在电动机定子绕组与电源之间，通过电阻分压的方式来降低定子绕组上的起动电压，待电动机起动后，再将电阻短接，使电动机在额定电压下正常运行，用时间继电器控制电动机起动时长。

图4-2-1所示为T68镗床，其主轴电动机起动采用定子绕组串电阻的起动方式，如图4-2-2所示。

图4-2-1 T68镗床

讨论

如何实现电动机的串电阻减压起动呢？它的好处有哪些？在什么情况下可以运用串电阻减压起动？

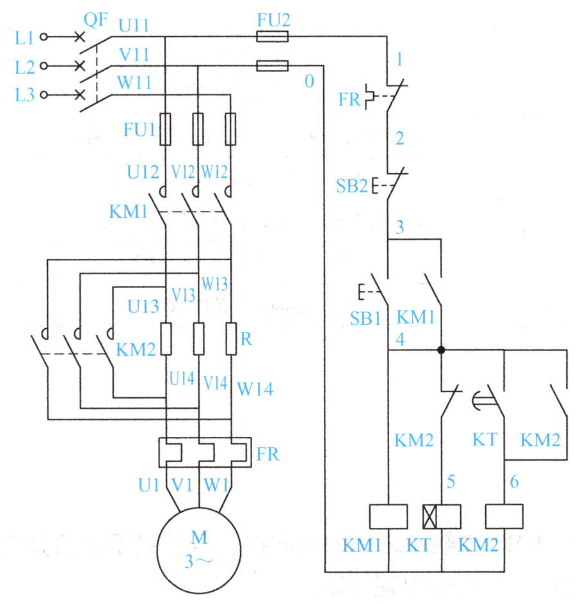

图 4-2-2　定子绕组串电阻减压起动原理图

串电阻减压起动原理

【知识巩固】

一、电路分析

1. 电路结构

串电阻减压起动线路由电源电路、主电路和控制电路组成。

2. 原理分析

图 4-2-2 电路中，SB1 为起动按钮，SB2 为停止按钮。

二、元件材料

电动机定子绕组串电阻减压起动控制电路元件清单见表 4-2-1。

表 4-2-1　电动机定子绕组串电阻减压起动控制电路元件清单

序号	名称	型号与规格	数量	单位
1	三相异步电动机	Y132S－4，7.5kW，380V，15.4A	1	台
2	熔断器	RT18－32，500V，配 32A 熔体	5	只
3	低压断路器	DZ47－60 D20，400V，20A	1	只
4	按钮	LAY3－11，2.5A，红、绿色各一只	2	只
5	接触器	CJ20－10，线圈 380V	2	只
6	热继电器	JR36－20，20A	1	只

（续）

序号	名称	型号与规格	数量	单位
7	时间继电器	JS7 系列通电延时	1	只
8	端子排	TB1510L，600V，15A，10 节或配套自备	1	条
9	木螺钉	ϕ3mm×20mm，ϕ3mm×15mm	若干	个
10	导线	BVR 2.5mm^2、BVR 1.5mm^2（颜色自定）	若干	m
11	电阻	ZX2-2/0.7，22.3A，7Ω	3	只
12	保护接地线（PE）	BVR 1.5mm^2，黄绿双色线	若干	m

三、线路检修

1. 检查主电路

检查主电路 KM1 与 KM2 主触点之间的换向线，若接错不仅会造成电动机不能转动，还可能不能转换成全压运行，甚至会出现短路。

具体线路的检查与前面电路所述方式相同。

2. 检查控制电路

取下主电路熔体，断开主电路；将万用表表笔接在 0、1 号线上测量控制电路中的并联电阻值，检测控制电路是否有短路故障。在按下 SB1 检测 KM1 和 KT 线圈并联电阻时，按下 KT 电磁机构的衔铁，测得 KM1、KM2、KT 线圈电阻并联值；松开 KT 的衔铁，测得 KM1、KM2 线圈电阻并联值。

四、运行调试

如图 4-2-2 所示为电动机串电阻减压起动的原理接线图，调试前，应确保线路搭建无误。

仿真调试：仿真调试前，需要对线路进行功能调试，功能调试正常后，才能进行仿真调试。

闭合 QF，按下起动按钮 SB1，KM1 线圈得电，KM1 主触点、辅助触点闭合，电动机串电阻减压起动；KT 线圈得电，延时时间结束后，KT 动合触点闭合。KM2 线圈得电，KM2 主触点闭合，电动机全电压起动。

五、故障检测

1. 故障 1：电动机不能减压起动

故障现象：当按下起动按钮 SB1 后，接触器 KM1 未动作，电动机不能减压起动。

故障分析：对主电路而言，可能存在 FU1 断路、热继电器主电路有断点、电动机绕组有故障等问题。对控制电路而言，可能存在 FU2 断路、FR 动断触点接触不良、按钮 SB2 动断触点接触不良、KM1 线圈断路等问题。

故障检修：按下按钮 SB1，观察 KM1 线圈是否通电，如果通电，KM1 主触点不闭合则是主电路问题，重点检查电动机 M 的绕组；若 KM1 线圈未通电，则为控制电路问题，重点检查 FU2、FR 动断触点、按钮 SB2 动断触点、KM1 线圈等。

2. 故障 2：电动机不能全压运转

故障现象：电动机能起动运转，但转速明显慢而不能全速转动。

故障分析：对主电路而言，可能的故障点是 KM2 主触点接触不良；对控制电路而言，可能的故障点是时间继电器压合接触不良或者 KM2 线圈损坏等。

故障检修：按下起动按钮 SB1，经 KT 延时，观察 KM2 线圈是否通电。如果 KM2 线圈通电，KM2 主触点不闭合，则检查 KM2 主触点；若 KM2 线圈未通电，则检查 KT 的延时动合触点。

活动三　电动机自耦变压器减压起动控制

【新课导入】

串电阻减压起动时起动转矩降低较多，能量损失较大，而采用 Y-△ 减压起动时起动转矩又无法调节，因而这两种方法都具有一定的局限性。

采用自耦变压器减压起动时，由于电动机起动的自耦变压器通常具有不同的中间抽头，使用不同的中间抽头，可以获得不同的限流效果和起动转矩等级，因此有较大的选择余地。图 4-3-1 所示为电动机自耦变压器减压起动的原理接线图。

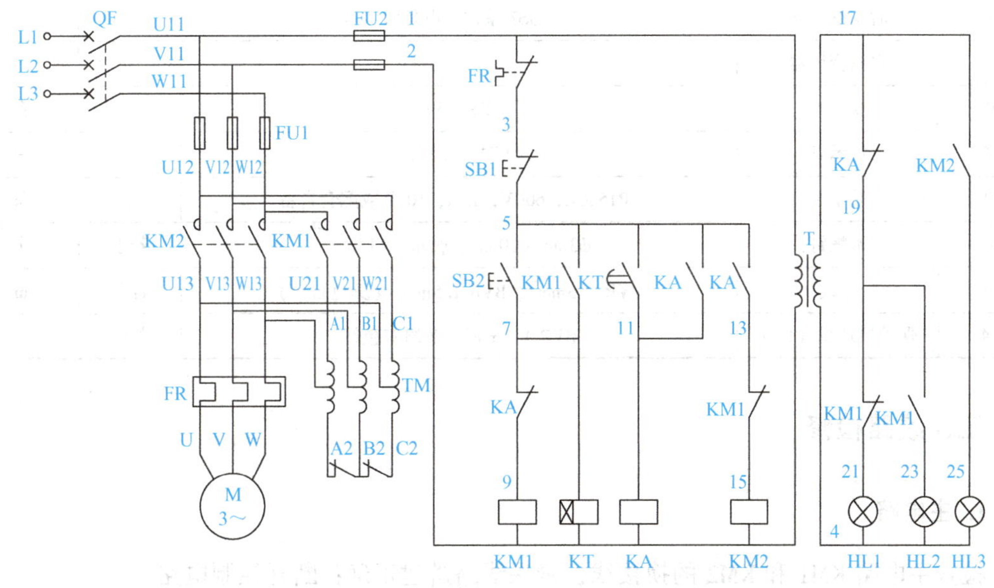

图 4-3-1　电动机自耦变压器减压起动原理接线图

讨论

如何实现电动机的自耦变压器减压起动呢？它的好处有哪些？在什么情况下可以运用自耦变压器减压起动？

【知识巩固】

一、电路分析

自耦变压器减压起动控制线路由电源电路、主电路、控制电路、指示电路组成；其中，SB2为起动按钮，SB1为停止按钮。

自耦变压器减压起动原理动画

二、元件材料

电动机自耦变压器减压起动控制电路元件清单见表4-3-1。

表4-3-1　电动机自耦变压器减压起动控制电路元件清单

序号	名称	型号与规格	数量	单位
1	三相异步电动机	Y132S－4，7.5kW，380V，15.4A	1	台
2	熔断器	RT18－32，500V，配32A熔体	5	只
3	低压断路器	DZ47－60 D20，400V，20A	1	只
4	按钮	LAY3－11，2.5A，红、绿色各一只	2	只
5	接触器	CJ20－10，线圈380V	2	只
6	热继电器	JR36－20，20A	1	只
7	时间继电器	JS7系列通电延时	1	只
8	自耦变压器		1	台
9	变压器	BK－50	1	台
10	指示灯	ND16－22DS	3	只
11	端子排	TB1510L，600V，15A，10节或配套自备	1	条
12	木螺钉	ϕ3mm×20mm，ϕ3mm×15mm	若干	个
13	导线	BVR 2.5mm^2、BVR 1.5mm^2（颜色自定）	若干	m
14	保护接地线（PE）	BVR 1.5mm^2，黄绿双色线	若干	m

三、线路检修

1. 主电路

检查主电路KM1和KM2的换接线，确保线路搭建正确；断开控制电路。

用万用表分别测量U11、V11、W11任意两点之间的电阻，测量结果应均为开路。按下接触器KM1动触点，重复上述测量，测量结果应为电动机两相间与自耦变压器相间电阻串并联后的阻值。按下接触器 KM2 动触点，重复上述测量，测量结果应为电动机两相间电阻值。

2. 控制电路

检查控制电路中按钮、接触器等之间有无漏接、错接、虚接现象，注意同一导线两端线号相同。

断开主电路，用万用表表笔接 U11、V11 号线端。再按下 SB1、SB2，检查起动、停止控制电路。按下接触器 KM1 的动触点，检查自锁电路。按下 SB1，然后再按下 KA 动触点，检查辅助触点联锁电路。再按下 SB1，然后按住 KT 电磁机构的衔铁，检查 KT 的控制作用。

四、运行调试

1. 功能调试

拆除电动机绕组接线，闭合 QF，指示灯 HL1 亮；按下起动按钮 SB2，KM1 线圈得电，KM1 主触点、辅助触点闭合，电动机自耦变压减压起动，指示灯 HL2 亮；KT 线圈得电，延时后 KT 动合触点闭合；KA 线圈得电，KA 触点闭合；KM2 线圈得电，KM2 主触点闭合，电动机全电压起动，指示灯 HL3 亮。

2. 仿真调试

功能调试正常后，方可进行试车。试车过程中，如果发现电动机有异常，应立即停车检查，再投入运行。

五、故障检测

1. 故障 1：电动机不能起动

故障现象：当按下起动按钮 SB1 后，电动机不能起动。

故障分析：

（1）主电路故障

可能是 FU1 断路、热继电器有断点、电动机绕组故障。

（2）控制电路故障

可能是 FU2 断路，FR 接触不良、SB2 触点接触不良、KA 动断触点接触不良、KM1 线圈断路。

故障检修：按下按钮 SB1，观察 KM1 线圈是否通电，如果通电，KM1 触点不动作，则是主电路问题，重点检查电动机 M 的绕组；若 KM1 线圈未通电，则为控制电路问题，重点检查 FU2、FR 动断触点、按钮 SB2、KA 动断触点、KM1 线圈等。

2. 故障 2：电动机不能全速运转

故障现象：电动机能起动运转，但转速明显慢而不能全速转动。

故障分析：

（1）主电路故障

可能是KM2主触点接触不良。

（2）控制电路故障

可能是KT延时动合触点接触不良、KM1动断触点接触不良、KM2线圈损坏等。

故障检修：按下起动按钮SB1，经KT延时，观察KM2线圈是否通电。如果KM2线圈通电，则检查KM2主触点；若KM2线圈未通电，则检查KT的延时动合触点以及KM1的动断辅助触点。

活动四 电动机延边三角形减压起动控制

【新课导入】

图4-4-1为电动机延边三角形减压起动原理接线图。延边三角形减压起动和星形-三角形减压起动的原理相似，即在起动时将电动机定子绕组的一部分接成星形（Y），另一部分接成三星形（△），从图形上看好像将一个三星形（△）的三条边延长，因此称为延边三角形，当电动机起动结束后再将定子绕组接成三角形进行正常运行，这种起动方法称为延边三角形减压起动。

在电动机延边三角形减压起动中，每相绕组上所承受的电压比三角形联结时要低，比星形联结时要高。待电动机起动运转后，再将绕组联结成三角形，全压运行。

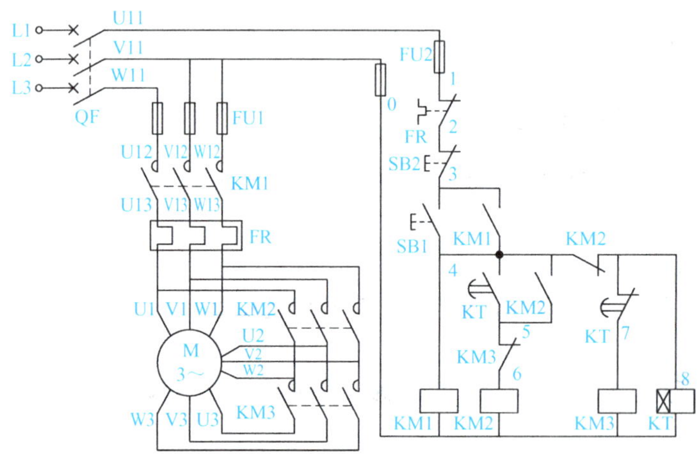

图4-4-1　电动机延边三角形减压起动原理接线图

讨论

如何实现电动机的延边三角形减压起动呢？它的好处有哪些？在什么情况下可以运用延边三角形减压起动？

【知识巩固】

一、电路分析

延边三角形减压起动线路由电源电路、主电路、控制电路组成。其中，SB1 为起动按钮，SB2 为停止按钮。

延边三角形减压起动原理动画

二、元件材料

电动机延边三角形减压起动控制电路元件清单见表 4-4-1。

表 4-4-1　电动机延边三角形减压起动控制电路元件清单

序号	名称	型号与规格	数量	单位
1	三相异步电动机	Y132S－4，7.5kW，380V，15.4A	1	台
2	熔断器	RT18－32，500V，配 32A 熔体	5	只
3	低压断路器	DZ47－60 D20，400V，20A	1	只
4	按钮	LAY3－11，2.5A，红、绿色各一只	2	只
5	接触器	CJ20－10，线圈 380V	3	只
6	热继电器	JR36－20，20A	1	只
7	时间继电器	JS7 系列通电延时	1	只
8	端子排	TB1510L，600V，15A，10 节或配套自备	1	条
9	木螺钉	ϕ3mm×20mm，ϕ3mm×15mm	若干	个
10	导线	BVR 2.5mm^2、BVR 1.5mm^2（颜色自定）	若干	m
11	保护接地线（PE）	BVR 1.5mm^2，黄绿双色线	若干	m

三、线路检修

1. 检查主电路

检查主电路接触器 KM1、KM2、KM3 之间的换接线。

断开控制电路，用万用表检测 QF 下端子 U11、V11、W11 任意两相间电阻，应均为开路。同时按下 KM1 和 KM2 的动触点，重复上述测量，应分别为电动机延边三角形联结时各相间的电阻值。松开 KM2 动触点，万用表显示由通到断。按下接触器 KM1 和 KM3 动触点，重复上述测量，应分别为电动机三角形联结时两相间的电阻值。

2. 检查控制电路

检查控制电路中按钮、接触器触点之间的连线有无错接、漏接、虚接现象。

断开主电路，表笔接 QF 下端子 U11、V11。检查起动、停止电路。按下 SB1，测得 KM1、KM2、KM3 线圈并联值；按下 SB2，万用表显示由通到断。

3. 检查自锁电路

按下 KM1 动触点，测得 KM1、KM2、KT 线圈电阻；松开 KM1，万用表显示由通到断。

4. 检查辅助触点联锁电路

按下 SB1，测得 KM1、KM2 和 KT 线圈并联值；再按下 KM3 动触点，测得 KM1 和 KM3 线圈并联值。

5. 检测 KT 的控制作用

按下 SB1，测得 KM1、KM2、KT 线圈的并联电阻值，按住 KT 电磁机构的衔铁，等 KT 延时结束，测得 KM1、KM3、KT 线圈的并联电阻值。

四、运行调试

电路需要进行功能调试，功能调试无误后，方可上电试车。

合上 QF，接通电源。

1. 起动调试

闭合 QF，按下 SB1 起动按钮，KM1 线圈得电，KM1 主触点闭合，电动机 M 接成延边三角形减压起动；KM3 线圈得电，KM3 主触点闭合，同时 KT 线圈得电，待 M 转速上升到接近额定值时，KT 延时结束，KT 动断触点先分断；KM3 线圈失电，KM3 主触点分断，解除延边三角形联结；KT 动合触点闭合，KM2 线圈得电，KM2 主触点闭合，电动机 M 接成三角形全压运行。

2. 制动调试

按下 SB2，电动机断电后惯性旋转至停止。

若电动机运行异常，应立即停车检查后方可再投入运行。

具体流程如图 4-4-2 所示。

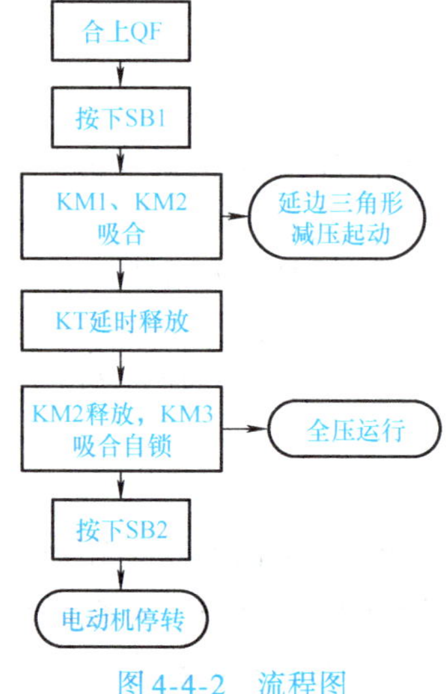

图 4-4-2 流程图

1）空载试验：拆下热继电器与电动机的连接线，接通电源，按下起动按钮，KM1 和 KM2 触点闭合，KM3 和 KT 触点不动作。时间继电器延时结束，KM1 和 KM2 触点断开，KT 和 KM3 触点动作，切换正常。反复试验几次检查线路的可靠性。

2）带电动机试验：经空载试验无误后，恢复电动机接线。在带电动机试验时，注意电动机的声音及电流的变化，电动机起动是否困难、有无异常情况等。

3）再次起动：自耦变压器减压起动电路不能频繁操作，如果起动不成功，则第二次起动需要间隔 4min 以上，连续两次起动后，应停电 4h 才能再次起动运行。

五、故障检测

1. 故障 1：电动机不能起动

故障现象：按下 SB1 后，电动机不能起动。

故障分析：

1）主电路：可能存在 FU1 断路、KM 主触点接触不良、热继电器有断点、电动机绕组有故障等问题。

2）控制电路：可能是 FU2 断路，FR 接触不良，SB2 动断触点接触不良，KT、KM2 触点接触不良。

故障检修：按下 SB1，观察 KM 线圈是否通电。如果未通电，则为控制电路问题，检查 FU2、FR 触点、按钮 SB2 等；如果通电，则是主电路问题，检查电动机 M 的绕组；如果 KM 线圈通电、KM2 线圈不通电，则是控制电路问题，检查 KT 和 KM2 触点。

2. 故障 2：电动机不能全压运行

故障现象：电动机能起动运转，但转速明显慢而不能全速转动。

故障分析：

对主电路而言，可能是 KM2 主触点接触不良；对控制电路而言，可能的故障点是时间继电器触点接触不良、KM3 动断触点接触不良、KM2 线圈损坏等。

故障检修：按下 SB1 按钮，经 KT 延时，观察 KM2 线圈是否得电。如果线圈得电，则检查 KM2 主触点；若线圈未得电，则检查 KT 是否动作，以及 KM3 的动断辅助触点是否正常。

活动五　电动机反接制动控制

【新课导入】

电动机断开电源后，由于惯性不会马上停止转动，而是需要转动一段时间才会完全停下来。这种情况对于某些生产机械来说是不能出现的，如起重机的吊钩需要准确定位，万能铣床要求立即停转等。为了满足生产机械的这种要求，就需要对电动机进行制动。图 4-5-1 为万能铣床及电动机反接制动原理接线图。

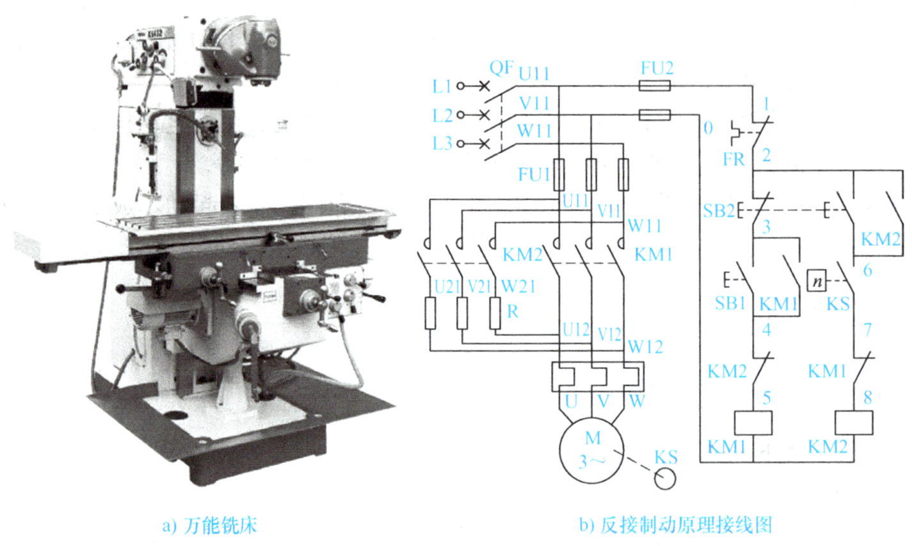

a) 万能铣床　　b) 反接制动原理接线图

图 4-5-1　万能铣床及电动机反接制动原理接线图

讨论

如何实现电动机的反接制动呢？它的好处有哪些？在什么情况下可以运用电动机的反接制动？

【知识巩固】

一、电动机制动

电动机制动方法分为机械制动和电气制动。

1. 机械制动

1）定义：电动机定子绕组断电后，利用机械装置使电动机立即停转。

2）常用装置：电磁抱闸制动器、电磁离合制动器等。

3）电磁抱闸的工作过程：当电动机通电时，制动器线圈通电产生电磁力，通过杠杆将闸瓦拉开，使电动机的转轴可自由转动；当电动机断电停转时，电磁线圈与电动机同步停电，电磁力消失，在弹簧的作用下闸瓦将电动机的转轴紧紧抱住，电动机迅速停止转动。图 4-5-2 和图 4-5-3 分别为电磁抱闸制动器及电磁抱闸控制电路的示意图。

2. 电气制动

1）定义：电气制动是使异步电动机产生与转动方向相反的电磁转矩，从而使电力拖动系统迅速停转或限制转速。

2）常用方式：反接制动、能耗制动和再生制动。

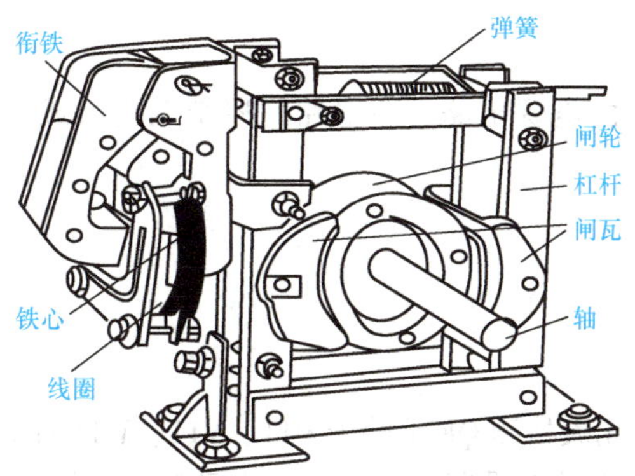

图 4-5-2　电磁抱闸制动器

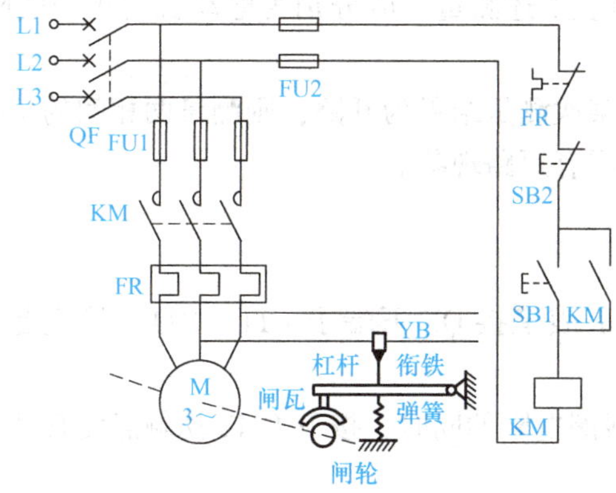

图 4-5-3　电磁抱闸控制电路

(1) 反接制动

反接制动原理动画

反接制动是将运转中的电动机电源反接，改变电动机定子绕组中的电源相序，从而使定子绕组的旋转磁场反向，转子受到与原旋转方向相反的制动转矩而迅速停转。

(2) 能耗制动

当电动机停车时，立即在电动机转子绕组中通入两相直流电源，使之产生一个恒定的静止磁场，运动的转子切割该磁场磁感线时，在转子绕组中产生感应电流。这个电流又受到静止磁场的作用产生电磁力矩，产生的电磁力矩的方向正好与电动机的转向相反，从而使电动机迅速停转。

(3) 再生制动

能耗制动原理动画

再生制动又称为反馈制动、发电制动，是指由于外力的作用，电动机的转速 n 超过了同步转速 n_1，从而使转子导体切割磁感线产生的电磁转矩改变了方向，由驱动力矩变为制动力矩，使电动机在制动状态下运行。再生制动可向电网回馈电能，所以经济性好，但应用范围很窄。再生制动只能限制电动机转速，不能制停。

二、电路分析

电动机反接制动电路由电源电路、主电路、控制电路组成。其中，SB1 为起动按钮，SB2 为制动按钮。

三、线路检修

1. 检查主电路

断开控制电路；用万用表检测 QF 下端子 U11、V11、W11 任意两相间电阻。

按下 KM1 动触点，重复上述测量，应分别为电动机两相间电阻值，松开 KM1 动触点，万用表显示由通到断。

按下 KM2 动触点，重复上述测量，应分别为电动机两相间电阻值，松开 KM2 动触点，万用表显示由通到断。

在上述测试中，如果某次测量结果为开路，则测量两相间的接线有断开现象；如果测量结果为短路，则测量两相间有短路现象。

2. 检查控制电路

断开主电路，用万用表表笔接 QF 下端子 U11、V11。检查起动电路、反接控制电路、联锁电路。

按下 SB1 测得 KM1 线圈电阻的同时，按下 KM2 动触点使其动断触点断开，万用表显示由通到断。

四、运行调试

电路需要进行功能调试，功能调试无误后，方可上电试车。

闭合 QF，按下起动按钮 SB1，KM1 线圈得电，KM1 主触点闭合、辅助动断触点断开，电动机正常起动运行；按下 SB2，KM1 线圈失电，KM1 主触点断开，电动机依靠惯性运转；当电动机转速达到某一值时，速度继电器 KS 闭合，KM2 线圈得电，KM2 主触点闭合，电动机反接制动，停止运转。

运行时，注意观察电动机的运行声音，若运行异常，应立即停车检查，检查无误后方可再投入运行。

五、故障检测

1. 故障 1：电动机不能起动

故障现象：按下起动按钮，电动机不能起动。

故障分析：

1）主电路：可能存在 FU1 断路、KM1 主触点接触不良、热继电器有断点、电动机绕组有故障等问题。

2）控制电路：可能存在 FU2 断路、FR 接触不良、SB2 动断触点接触不良等问题。

故障检修：按下 SB1，观察 KM1 线圈是否得电。如果得电，则是主电路问题，检查电动机 M 的绕组；如果 KM1 线圈未得电，则是控制电路问题，检查 FU2、FR 触点、按钮 SB2 等。

2. 故障 2：电动机不能快速停车

故障现象：电动机不能快速停车。

故障分析：

1）对主电路而言，可能是 KM2 主触点接触不良。

2）对控制电路而言，可能是 KS 不动作、KM1 动断触点接触不良、KM2 线圈损坏等。

故障检修：按下 SB2 按钮，观察 KM2 线圈是否得电。如果线圈得电，则检查 KM2 主触点；如果线圈未得电，则检查 KS 是否动作，以及 KM1 动断辅助触点。

活动六　机床滑台及动力头液压控制

【新课导入】

某机床滑台从原位 SQ1 被压，按下起动按钮 SB2 后，液压泵电动机 M1 起动，电磁阀 KA1 得电开始快进；当滑台快进至 SQ2 被压后，电磁阀 KA2 得电开始工进，同时动力头电动机 M2 起动。当滑台工进至终点 SQ3 被压后，滑台停止；延时 2s 后动力头电动机 M2 停止，电磁阀 KA3 得电，滑台快退；当滑台快退至原位 SQ1 被压后进行再循环。当按下停止按钮 SB1 后，滑台停止工作。图 4-6-1 为动力滑台的工作循环图。

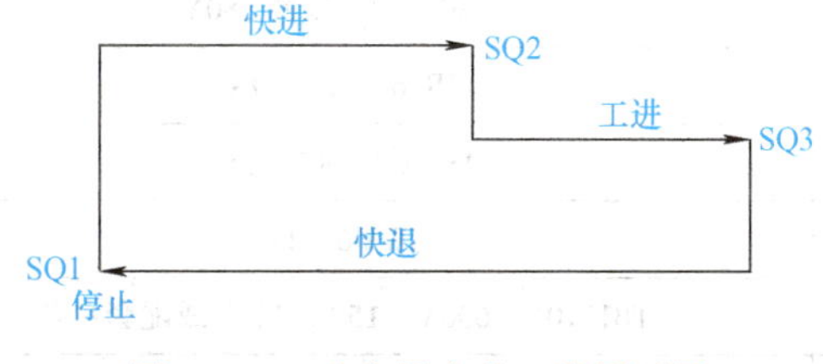

图 4-6-1　动力滑台的工作循环图

讨论

动力滑台是怎样工作的？其工作原理是什么？

【知识巩固】

一、原理分析

如图 4-6-2 所示，在机床滑台运动与动力头工作电气控制原理图中，M1 为机床滑台运动电动机，M2 为动力头工作电动机；SB2 为起动按钮、SB1 为停止按钮。

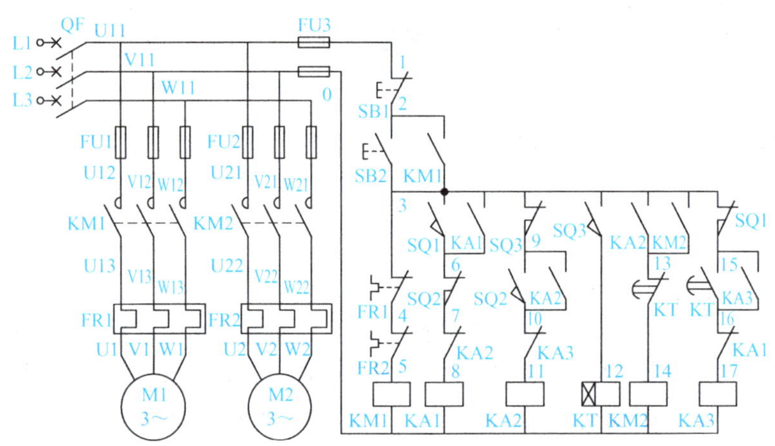

图 4-6-2　机床滑台运动与动力头工作电气控制原理图

二、元件材料

机床滑台及动力头液压控制电路元件清单见表 4-6-1。

表 4-6-1　机床滑台及动力头液压控制电路元件清单

序号	名称	型号与规格	数量	单位
1	三相异步电动机	Y132S－4，7.5kW，380V，15.4A	2	台
2	熔断器	RT18－32，500V，配 32A 熔体	8	只
3	低压断路器	DZ47－60 D20，400V，20A	1	只
4	按钮	LAY3－11，2.5A，红、绿色各一只	2	只
5	接触器	CJ20－10，线圈 380V	2	只
6	热继电器	JR36－20，20A	2	只
7	时间继电器	JS7 系列通电延时	1	只
8	限位开关	JWM6—11	3	只
9	端子排	TB1510L，600V，15A，10 节或配套自备	1	条
10	木螺钉	ϕ3mm×20mm，ϕ3mm×15mm	若干	个
11	导线	BVR 2.5mm^2、BVR 1.5mm^2（颜色自定）	若干	m
12	保护接地线（PE）	BVR 1.5mm^2，黄绿双色线	若干	m

三、线路检修

1. 检查控制电路

断开主电路，用万用表表笔接 0、1 号端子，检查起动控制电路。

按下 SB2，在 U11、V11、W11 之间测得 KM1 线圈电阻，再按下 SB1，万用表应显示电路由通到断。

若测得的结果是开路，应检查 FR1、FR2 动断触点是否正常，上下端子接线是否有脱落现象，必要时移动万用表的表笔，用缩小故障范围的方法来查找断路点。若测量结果是短路，应检查接线是否有误。或按下按钮 SB2 测出 KM1 线圈的电阻值，松开 SB2，万用表应显示电路由通到断。按下 KM1 的动触点，测出 KM1 线圈的电阻值，松开 KM1 的动触点，万用表应显示电路由通到断。

2. 检查控制电路

断开主电路，用万用表表笔接 0、1 号端子，检查自锁电路。

1）按下 SB2，测出 KM1 线圈电阻。

2）分别再按下 KA1、KA2、KM2、KA3 的动触点，应测出 KA1、KA2、KM2、KA3 线圈电阻分别与 KM1 线圈电阻的并联值。

3）按下停止按钮 SB1，万用表显示由通而断。

若发现异常，重点检查接触器自锁线、触点上下端子的连接及线圈有无断线和接触不良。

活动七　电动机减压起动反接制动

【新课导入】

某三相笼型异步电动机单相运转，要求起动电流不能过大，制动时快速停车，根据要求，需要用到减压起动反接制动。图 4-7-1 为定子绕组串电阻减压起动反接制动控制线路。

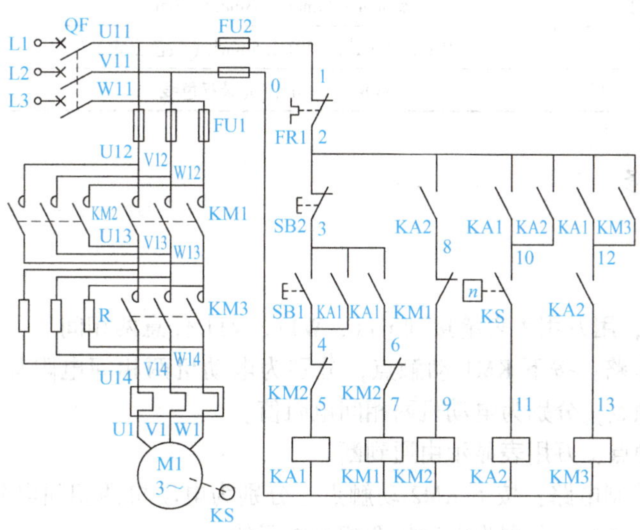

图 4-7-1　定子绕组串电阻减压起动反接制动控制线路

讨论

如何实现电动机的减压起动反接制动？它的好处有哪些？

【知识巩固】

一、电路分析

电动机减压起动反接制动控制线路中，SB1 为起动按钮、SB2 为停止按钮。

二、元件材料

电动机减压起动反接制动控制电路元件清单见表 4-7-1。

表 4-7-1　电动机减压起动反接制动控制电路元件清单

序号	名称	型号与规格	数量	单位
1	三相异步电动机	Y132S-4，7.5kW，380V，15.4A	1	台
2	熔断器	RT18-32，500V，配 32A 熔体	5	只
3	低压断路器	DZ47-60 D20，400V，20A	1	只
4	按钮	LAY3-11，2.5A，红、绿色各一只	2	只
5	接触器	CJ20-10，线圈 380V	2	只
6	热继电器	JR36-20，20A	2	只
7	中间继电器	JZC1-44，线圈 380V	2	只
8	速度继电器	JY1	1	只
9	端子排	TB1510L，600V，15A，10 节或配套自备	1	条
10	木螺钉	ϕ3mm×20mm，ϕ3mm×15mm	若干	个
11	导线	BVR 2.5mm^2、BVR 1.5mm^2（颜色自定）	若干	m
12	保护接地线（PE）	BVR 1.5mm^2，黄绿双色线	若干	m

三、线路检修

1. 检查主电路

断开控制电路，用万用表表笔接到 U11、W11、V11 任意两相间。

1）起动控制电路：按下 KM1 动触点，分别为电动机两相间电阻加上两倍电阻 R；同时，按下 KM3 动触点，分别为电动机两相间电阻值。

松开 KM1 动触点，万用表显示由通到断。

2）反接制动控制电路：按下 KM2 动触点，分别为电动机两相间电阻加上两倍电阻 R；同时，按下 KM3 动触点，分别为电动机两相间电阻值。

松开 KM2 动触点，万用表显示由通到断。

2. 检查控制电路

断开主电路，用万用表表笔接 0、1 号线。

1）起动控制测试：按下 SB1，测得 KA1 线圈的电阻，松开 SB1，测得结果为断路。

按下 KA1 动触点，测得 KA1 和 KM1 线圈并联值。松开 KA1 的动触点，测得结果为断路。

2）反接控制测试：按下 KA2 动触点，测得 KM2 线圈电阻值。松开 KA2，万用表应显示由通到断。

转动电动机轴使 KS 动作，动合触点闭合，按下 KA2 动触点，测得 KM2 和 KA2 线圈并联值。电动机停止转动后测得 KM2 线圈电阻值。

四、运行调试

电路需要进行功能调试，功能调试无误后，方可上电试车。

闭合 QF，按下起动按钮 SB1，KA1 线圈得电，KA1 动合触点闭合；KM1 线圈得电，KM1 主触点闭合、辅助动断触点断开，电动机串电阻减压起动；起动速度达到一定值时，速度继电器 KS 触点闭合，KA2 线圈得电，KA2 动合触点闭合；KM3 线圈得电，KM3 主触点闭合，电动机全电压运行。按下停止按钮 SB2，KM1 线圈失电，KM2 线圈得电，KM2 主触点闭合，电动机反向转动；转速低于 KS 设定值后，KS 触点断开，KA2 线圈失电，KM2、KM3 线圈失电，电动机停止转动。

活动八　电动机双重联锁正反转能耗制动控制

【新课导入】

在一些要求制动准确、平稳的场合中，会采用如图 4-8-1 所示的制动方式，它是一种三相异步电动机双重联锁正反转起动能耗制动控制电路。

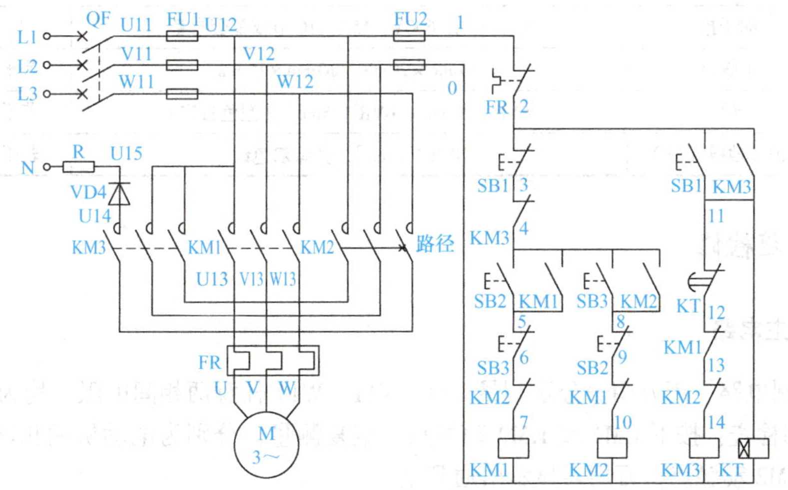

图 4-8-1　电动机双重联锁正反转起动能耗制动控制原理接线图

讨论

如何实现电动机的双重联锁正反转起动能耗制动控制？它的好处有哪些？实际中有哪些应用？

【知识巩固】

一、电路分析

在电动机双重联锁正反转起动能耗制动电路中，SB1 为停止按钮、SB2 为正转起动按钮、SB3 为反转起动按钮。

合上 QF，按下 SB2 按钮，KM1 线圈得电。KM1 触点动作，电动机正向转动。按下 SB1，KM1 线圈失电，触点动作，KM3 线圈得电，电动机能耗制动，KT 开始延时。KT 延时结束，延时断开触点动作，KM3 失电，能耗制动停止。

二、元件材料

电动机双重联锁正反转能耗制动控制电路元件清单见表 4-8-1。

表 4-8-1　电动机双重联锁正反转能耗制动控制电路元件清单

序号	名称	型号与规格	数量	单位
1	三相异步电动机	Y132S－4，7.5kW，380V，15.4A	1	台
2	熔断器	RT18－32，500V，配 32A 熔体	5	只
3	低压断路器	DZ47－60 D20，400V，20A	1	只
4	按钮	LAY3－11，2.5A，红色一只、绿色两只	3	只
5	接触器	CJ20－10，线圈 380V	2	只
6	热继电器	JR36－20，20A	3	只
7	时间继电器	JS7 系列通电延时	1	只
8	端子排	TB1510L，600V，15A，10 节或配套自备	1	条
9	木螺钉	ϕ3mm×20mm，ϕ3mm×15mm	若干	个
10	导线	BVR 2.5mm^2、BVR 1.5mm^2（颜色自定）	若干	m
11	保护接地线（PE）	BVR 1.5mm^2，黄绿双色线	若干	m

三、线路检修

1. 检查主电路

断开控制电路，用万用表分别测量 U11、V11、W11 任意两相间电阻，均为开路。

1）控制检查：按下 KM1 或 KM2 动触点，重复测量，分别为电动机两相间电阻值，松开 KM1 或 KM2 动触点，万用表显示由通到断。

2）将万用表接在 U～V11、V～V11、W～W11 接线端子上，按下 KM1 动触点，测量结果为短路；若某次测量结果为开路，说明所测量两相之间的接线有开路现象。按下 KM2 的动触点，在 U ~ U11、W ~ W11 端子上测得电动机 U 相绕组和 W 相绕组之间电阻值，在 V ~ V11 端子上测得为短路。

2. 检查控制电路

断开主电路，将万用表接到 0 ~1 号线上。

分别按下 KM1、KM2 的动触点，对应测得 KM1、KM2 线圈电阻值；在按下 KM1 或 KM2 的同时，按下 SB1，万用表显示电路由通到断；分别按下 SB2、SB3 按钮，对应测得 KM1、KM2 线圈电阻值。

（1）接触器辅助触点联锁电路

按下 KM1 动触点，测得 KM1 线圈电阻，再按下 KM2 动触点，万用表显示电路由通到断；同样，先按下 KM2 动触点，测得 KM2 线圈电阻，再按下 KM1 动触点，万用表应显示由通到断；若将 KM1 和 KM2 动触点同时按下，万用表应显示为断路。

（2）按钮联锁电路

按下 KM1 动触点，测得接触器 KM1 线圈的电阻值，再按下 SB3，万用表应显示电路由通到断。同样，按下 KM2 动触点，测得 KM2 线圈电阻，再按下 SB2，万用表显示由通到断。若同时按下 SB2、SB3 时，KM1 和 KM2 无论闭合或断开，万用表应显示为断路。

（3）制动控制电路

将 SB1 按到底，测得 KM3 线圈与 KT 线圈电阻并联值后，再按下 KT 电磁机构，KT 的延时动断触点断开，测得 KT 线圈电阻；松开 SB1，万用表应显示电路由通到断。按下 KM3 动触点，测得 KM3 线圈的电阻与 KT 线圈电阻的并联值。松开 KM3 动触点，万用表显示电路由通到断。

（4）启动与制动联锁电路

按下 SB2 或 SB3，测出 KM1 或 KM2 线圈电阻的同时，轻按下 KM3 动触点使其动断触点断开，万用表应显示电路由通到断。将 KM3 的动触点按到底，其动合触点闭合，测得 KM3 线圈与 KT 线圈电阻并联值的同时，按下 KM1 或 KM2 动触点，使其动断触点断开，测得 KT 线圈的电阻值。

四、运行调试

电路需要进行功能调试，功能调试无误后，方可上电试车。

合上断路器 QF，接通电源。

（1）起动、停车控制

按下 SB2，电动机正向起动。按下 SB1，电动机能够快速能耗制动停转。

（2）起动、停车控制

按下 SB3，电动机反向起动。按下 SB1，电动机能够快速能耗制动停转。

（3）控制

按下 SB2，KM1 线圈得电，电动机正转；电动机正常运转后再按下 SB3，KM1 线圈失电，电动机反向起动运行。

五、故障检测

1. 故障1：电动机不能起动

故障现象：按下起动按钮 SB2 或者 SB3，电动机 M 不能起动。

故障分析：

1）主电路：可能是 FU1 断路、FR 有断点及 M 绕组故障。

2）控制电路：可能是 FU2 断路、1 至 2 号线间 FR 触点接触不良、SB1 接触不良、SB3 接触不良等。

故障检修：按下 SB2 或 SB3，观察 KM1 或 KM2 线圈是否得电。如果得电，则重点检查电动机绕组；若未得电，则为控制电路问题，检查 FU1、FU2、1 至 2 号线间 FR 触点及 SB1 动断触点。

2. 故障2：电动机不能正向起动

故障现象：按下 SB2，电动机 M 不能正向起动，按下按钮 SB3，电动机可以反向运行。

故障分析：

1）主电路：KM1 主触点闭合接触不良。

2）控制电路：可能是 SB2 动合触点接触不良、SB3 动断触点接触不良、KM2 在 6 至 7 号线间触点接触不良及 KM1 线圈损坏等。

故障检修：按下 SB2，看 KM1 线圈是否得电。如果 KM1 得电，则检查 KM1 主触点；若未得电，检查 SB3 在 5 至 6 号线间触点及 KM2 在 6 至 7 号线间触点。

3. 故障3：电动机不能反转

故障现象：按下 SB2，电动机 M 能正向起动，按下按钮 SB3，电动机不能反向运行。

故障分析：

1）主电路：KM2 主触点闭合接触不良。

2）控制电路：可能是 SB3 动合触点、SB2 动断触点、KM1 在 9 至 10 号线间触点接触不良以及 KM2 线圈损坏。

故障检修：按下 SB3，查看 KM2 线圈是否得电。如果得电，则检查接触器 KM2 主触点；若未得电，检查 SB2 动断触点，KM1 在 9 至 10 号线间触点。

4. 故障4：电动机不能快速停车

故障现象：按下 SB2 或者 SB3，电动机可以起动运行，按下 SB1，电动机 M 不能快速停车。

故障分析：

1）主电路：可能是整流管 VD4 损坏、KM3 闭合接触不良。

2）控制电路：可能是 SB1 动合触点、KM1 在 12 至 13 号线间触点、KM2 在 13 至 14 号线间触点接触不良，以及 KM3 线圈损坏等。

故障检修：按下 SB1，观察 KM3 线圈是否得电。如果得电，看整流管 VD4、KM3 主触

点；若未得电，检查 SB1 动合触点、KM1 在 12 至 13 号线间触点及 KM2 在 13 至 14 号线间触点。

活动九　电动机带桥式整流的正反转能耗制动控制

【新课导入】

图 4-9-1 所示为一个带桥式整流的正反转能耗制动控制电路的原理图。它采用了单相桥式整流电路为电动机提供能耗制动所需的直流电。

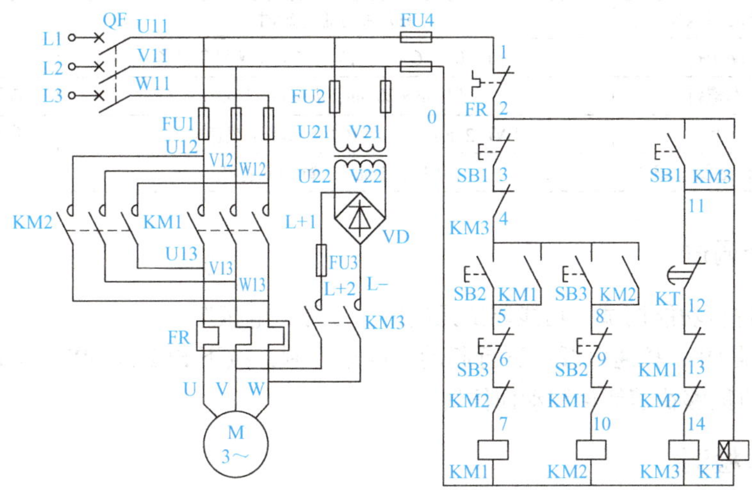

图 4-9-1　电动机带桥式整流的正反转能耗制动控制原理接线图

讨论

如何实现电动机带桥式整流的正反转能耗制动控制？它的好处有哪些？整流元件的作用是什么？

【知识巩固】

一、原理分析

在带桥式整流的正反转能耗制动控制电路中，SB1 为停止按钮、SB2 为正转起动按钮、SB3 为反转起动按钮。

闭合 QF，按下正转起动按钮 SB2，KM1 线圈得电。KM1 触点动作，电动机正向运转。按下停止按钮 SB1，KM1 线圈失电，触点动作，KM3 线圈得电，能耗制动电路接通，同时 KT 延时开始。延时结束，能耗制动停止，电动机停止运转。

二、元件材料

电动机带桥式整流的正反转能耗制动控制电路元件清单见表 4-9-1。

表 4-9-1 电动机带桥式整流的正反转能耗制动控制电路元件清单

序号	名称	型号与规格	数量	单位
1	三相异步电动机	Y132S－4，7.5kW，380V，15.4A	1	台
2	熔断器	RT18－32，500V，配 32A 熔体	5	只
3	低压断路器	DZ47－60 D20，400V，20A	1	只
4	按钮	LAY3－11，2.5A，红色一只、绿色两只	3	只
5	接触器	CJ20－10，线圈 380V	2	只
6	热继电器	JR36－20，20A	3	只
7	时间继电器	JS7 系列通电延时	1	只
8	端子排	TB1510L，600V，15A，10 节或配套自备	1	条
9	木螺钉	ϕ3mm×20mm，ϕ3mm×15mm	若干	个
10	导线	BVR 2.5mm^2、BVR 1.5mm^2（颜色自定）	若干	m
11	保护接地线（PE）	BVR 1.5mm^2，黄绿双色线	若干	m

三、运行调试

电路需要进行功能调试，功能调试无误后，方可上电试车。

合上断路器 QF，接通电源；进行起动、停车控制，按下 SB2 或 SB3，电动机起动。按下 SB1，电动机能够快速能耗制动而停转。

四、故障检测

故障现象：电动机 M 不能快速停车。

故障检修：按下 SB1，观察 KM3 线圈是否得电。如果得电，则检查整流管 VD、KM3 主触点；若未得电，检查 SB1 在 2 至 11 号线间动合触点、KT 在 11 至 12 号线间动断触点、KM1 在 12 至 13 号线间的触点及 KM2 在 13 至 14 号线间的触点。

活动十 电动机断电延时带直流能耗制动的Y-△起动电路

【新课导入】

对于 10kW 以上的容量较大的电动机，有时为了达到制动准确、平稳和频繁起动的要求，常采用断电延时带直流能耗制动的Y-△起动控制方式。其原理图如图 4-10-1 所示。

如何实现电动机断电延时带直流能耗制动的Y-△起动？它的好处有哪些？整流元件的作用是什么？

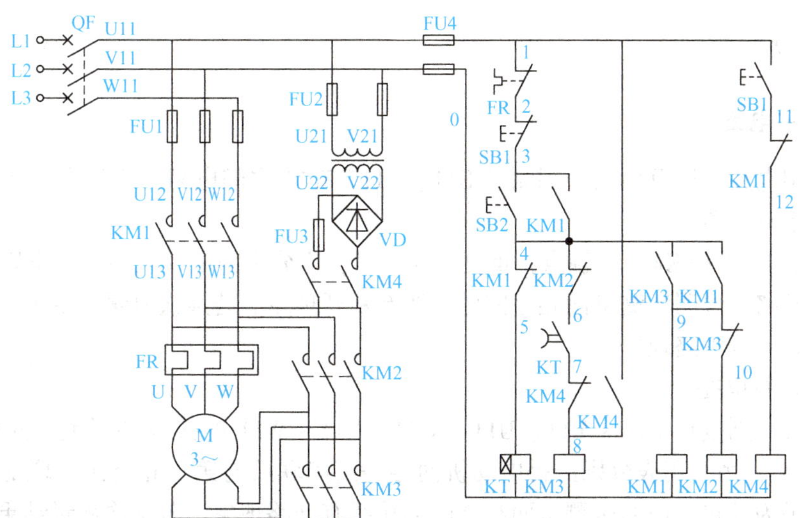

图 4-10-1　电动机断电延时带直流能耗制动的Y-△起动原理接线图

【知识巩固】

一、原理分析

在断电延时带直流能耗制动的Y-△起动电路中，SB1 为停止按钮、SB2 为起动按钮。

闭合 QF，按下起动按钮 SB2。KT 线圈得电。触点动作，KM3 线圈得电。KM3 触点动作，KM1 线圈得电，电动机星形起动。KT 线圈失电，开始计时。KT 计时结束，触点动作，KM3 线圈失电，KM2 线圈得电，电动机三角形运行。按下按钮 SB1，KM1、KM2 线圈失电，KM3、KM4 线圈得电，电动机开始能耗制动。松开按钮，电动机能耗制动停止。

二、元件材料

电动机断电延时带直流能耗制动的Y-△起动控制电路元件清单见表 4-10-1。

表 4-10-1　电动机断电延时带直流能耗制动的Y-△起动控制电路元件清单

序号	名称	型号与规格	数量	单位
1	三相异步电动机	Y132S-4，7.5kW，380V，15.4A	1	台
2	熔断器	RT18-32，500V，配 32A 熔体	7	只
3	低压断路器	DZ47-60 D20，400V，20A	1	只
4	按钮	LAY3-11，2.5A，红、绿色各一只	2	只
5	接触器	CJ20-10，线圈 380V	4	只
6	热继电器	JR36-20，20A	3	只
7	时间继电器	JS7 系列断电延时	1	只
8	端子排	TB1510L，600V，15A，10 节或配套自备	1	条
9	木螺钉	ϕ3mm×20mm，ϕ3mm×15mm	若干	个
10	导线	BVR 2.5mm^2、BVR 1.5mm^2（颜色自定）	若干	m
11	保护接地线（PE）	BVR 1.5mm^2，黄绿双色线	若干	m

三、线路检修

1. 检查主电路

断开控制电路。用万用表分别测量 U11、V11、W11 之间电阻，应均为开路。

（1）Y起动电路

同时按下 KM1 和 KM3 动触点，重复上述测量，应分别为电动机两相间电阻值。若某次测量结果为开路，说明所测量两相之间的接线有断开现象。若某次测量结果为短路，则说明所测量两相之间有短路现象。

（2）△运行电路

将万用表分别接在 U11 ~ V11、U11 ~ W11、V11 ~ W11 的接线端子上，同时按下 KM1 和 KM2 动触点，用万用表分别测得电动机两相绕组串联后与第三相绕组并联的电阻值。若某次测量结果为开路，说明所测量两相之间的接线有开路现象。若某次测量结果为短路，则说明所测量两相之间接线有短路现象。

2. 检查控制电路

断开主电路，将万用表接到 0 至 1 号线上。

（1）自锁电路

按下 SB2，测得 KT 线圈电阻值；按下 SB1，万用表显示由通到断。按下 KM1 动触点，测得 KM1 和 KM2 线圈并联电阻。松开 KM1 动触点，万用表应显示由通而断。

（2）辅助触点联锁电路

按下 KM1 动触点，测得接触器 KM1 和 KM2 线圈并联电阻；再按下 KM3 动触点，测得 KM1 线圈电阻。

按下 SB2，测得 KT 线圈电阻，再按住 KT 电磁机构的衔铁，测出 KT 和 KM3 线圈并联电阻，再按下 KM2 动触点，测得 KT 线圈电阻。

（3）KT 的控制作用

按下 SB2，测得 KT 线圈电阻；再按住 KT 电磁机构的衔铁，应测出 KT 和 KM3 线圈并联电阻。松开 KT 电磁机构的衔铁，等到 KT 延时断开常开触点分断切除 KM3 线圈，应测出 KT 线圈电阻值。

（4）能耗制动控制电路

将 SB1 按到底，测得 KM4 线圈电阻。松开 SB1，万用表应显示电路由通到断。

（5）起动与制动联锁电路

按下 SB2，测得 KT 线圈电阻，轻按 SB1，万用表应显示由通到断。将 SB1 按到底，测得 KM4 线圈电阻。轻按 KM1，万用表应显示由通到断。

四、运行调试

电路需要进行功能调试，功能调试无误后，方可上电试车。

合上断路器 QF，接通电源。

（1）Y-△起动调试

按下 SB2 起动按钮，电动机星形减压起动。经 KT 延时后，电动机全压运行。如电动机

运行时发现异常，停车检查，然后再投入运行。

(2) 能耗制动调试

用万用表直流档测量二极管桥式整流输出端及经 FU3 后的直流电源，应符合规定值。将 SB1 按到底，电动机能快速能耗制动而停转。

活动十一　电动机通电延时带直流能耗制动的Y-△起动控制

【新课导入】

前面任务讲解了断电延时带直流能耗制动的Y-△起动控制电路，本次将学习通电延时带直流能耗制动的Y-△起动控制电路。图 4-11-1 所示为电动机通电延时带直流能耗制动的Y-△起动控制原理接线图。

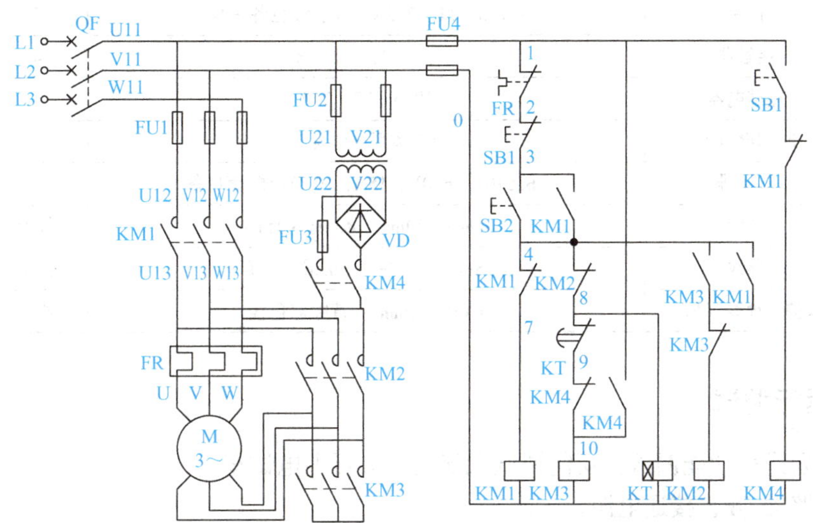

图 4-11-1　电动机通电延时带直流能耗制动的Y-△起动控制原理接线图

讨论

如何实现电动机通电延时带直流能耗制动的Y-△起动控制？它的好处有哪些？主要运用于什么情况下？

【知识巩固】

一、原理分析

通电延时带直流能耗制动的Y-△起动电路中，SB1 为停止按钮、SB2 为起动按钮，如图 4-11-1 所示。

合上 QF，按下 SB2，KM1、KM3、KT 线圈得电。KM1、KM3 触点动作，电动机Y起动，时间继电器开始延时。KT 延时结束，触点动作，KM3 线圈失电，KM3 动断触点复位，KM2 线圈通电。KM2、KM3 的主触点动作，KT 线圈失电。按下按钮 SB1，KM1、KM2 的线圈失电，KM3、KM4 线圈得电，主电路触点动作，电动机快速能耗制动停转。松开 SB1，电路停止工作。

二、元件材料

电动机通电延时带直流能耗制动的Y-△起动控制电路元件清单见表 4-11-1。

表 4-11-1 电动机通电延时带直流能耗制动的Y-△起动控制电路元件清单

序号	名称	型号与规格	数量	单位
1	三相异步电动机	Y132S-4，7.5kW，380V，15.4A	1	台
2	熔断器	RT18-32，500V，配 32A 熔体	7	只
3	低压断路器	DZ47-60 D20，400V，20A	1	只
4	按钮	LAY3-11，2.5A，红、绿色各一只	2	只
5	接触器	CJ20-10，线圈 380V	4	只
6	热继电器	JR36-20，20A	3	只
7	时间继电器	JS7 系列通电延时	1	只
8	端子排	TB1510L，600V，15A，10 节或配套自备	1	条
9	木螺钉	ϕ3mm×20mm，ϕ3mm×15mm	若干	个
10	导线	BVR 2.5mm^2、BVR 1.5mm^2（颜色自定）	若干	m
11	保护接地线（PE）	BVR 1.5mm^2，黄绿双色线	若干	m

三、运行调试

电路需要进行功能调试，功能调试无误后，方可上电试车。

合上断路器 QF，接通电源。

（1）Y-△起动调试

按下起动按钮 SB2，电动机星形减压起动。经 KT 延时后，电动机全压运行。如电动机运行时出现异常，停车检查，然后再投入运行。

（2）能耗制动调试

用万用表直流档测量二极管桥式整流输出端及经 FU3 后的直流电源，应符合规定值。将 SB1 按到底，电动机能够快速能耗制动而停转。

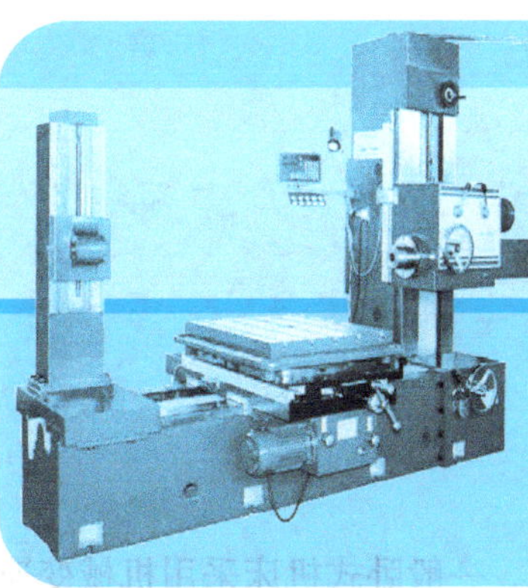

项目五 双速电动机与绕线转子电动机控制

教学目标

知识目标

(1) 了解常用的双速电动机的种类及功能;
(2) 了解常用的几种双速电动机的控制方法及其接线原理图;
(3) 了解绕线转子电动机的控制方法。

技能目标

(1) 能熟练掌握绕线转子电动机的自动起动控制方法;
(2) 能正确选用双速电动机的控制方法并用于实际项目。

情感目标

(1) 培养学生善于思考的能力，激发学生学习的兴趣;
(2) 培养学生严谨细致、一丝不苟的学习精神。

[活动指导]

活动一　双速电动机自动控制

【新课导入】

在机床加工工件的时候，常常需要对机床进行变速。

如图 5-1-1 所示为 T68 镗床和双速电动机自动控制原理图。一般卧式机床采用机械变速箱取得相应的转速，但是，对于调速要求高的机床，需要用到多速电动机拖动，以提高它的调速范围。

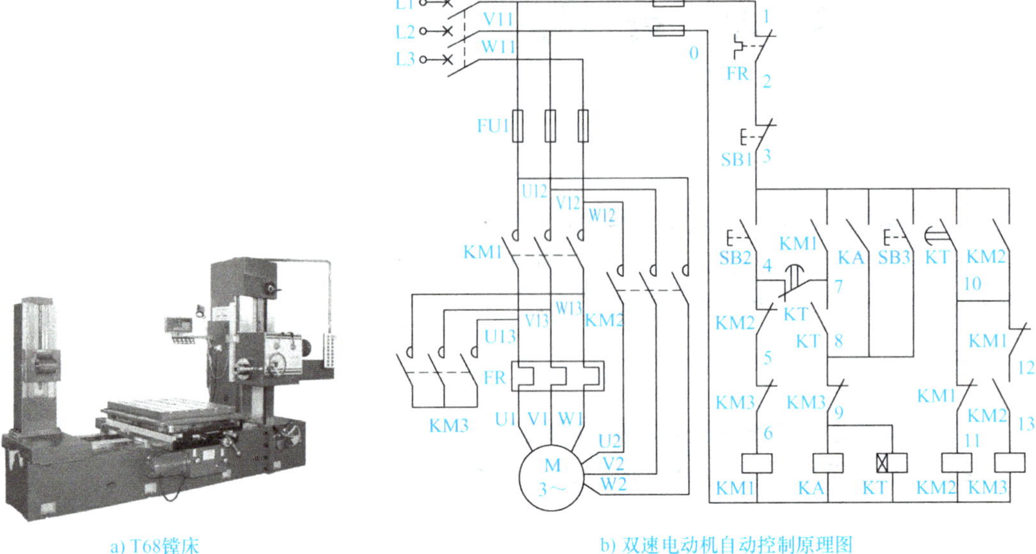

a) T68镗床　　b) 双速电动机自动控制原理图

图 5-1-1　T68 镗床和双速电动机自动控制原理图

讨论

如何实现双速电动机自动控制？它的好处有哪些？双速电动机如何实现调速？

【知识巩固】

一、电动机调速

调速就是利用某种方法改变电动机的转速，以满足不同生产机械的要求。异步电动机的转速表示为

$$n = n_1(1-s) = \frac{60f_1}{p}(1-s)$$

式中，n 为转子转速；n_1 为磁场转速（同步转速）；s 为转差率；f_1 为电源频率；p 为磁极对数。

三相异步电动机的调速方式有三种：变极调速、变频调速、变转差率调速。

（1）变极调速

变极调速是通过改变定子旋转磁场的磁极对数来达到调速的目的。将每相绕组的两部分由串联改为并联，磁极对数减少一半，转子转速提高一倍。

变极调速原理动画

（2）变频调速

由于同步转速 n_1 与电源频率 f_1 成正比，所以连续地改变电源的频率，就可以平滑地调节异步电动机的转速。

（3）变转差率调速

改变转差率调速的方法有变阻调速与变压调速。变阻调速是通过改变电动机转子电路的外接电阻实现的，因此只适用于绕线转子电动机。变压调速是通过改变电动机定子绕组上的电压实现的，适用于笼型异步电动机。

二、电路分析

1. 电路结构

双速电动机自动控制电路由电源电路、主电路、控制电路组成。

（1）主电路。

主电路由熔断器、接触器 KM1、KM2、KM3、热继电器以及双速电动机等组成。

（2）控制电路。

控制电路的组成部分及其功能如下：

熔断器 FU2：控制电路的保护。

按钮 SB1：停止按钮。

按钮 SB2：低速起动按钮。

按钮 SB3：高速控制按钮。

时间继电器 KT：低速运行与高速运行切换延时。

（3）电源电路。

电源电路的组成部分及其功能如下。

电源：提供电能的装置。

断路器 QF：接通与断开电源的装置。

2. 原理分析

合上 QF，按下 SB2，KM1 线圈得电，电动机低速起动。KM1 辅助触点动作，松开 SB2，电动机维持低速运转。按下 SB3，KA、KT 线圈通电，时间继电器开始延时。KT 延时结束，时间继电器动作，KM1 线圈失电，KM2、KM3 线圈得电。KM2、KM3 主触点闭合，电动机高速运转。按下停止按钮 SB1，电动机停止运转。

三、元件材料

双速电动机自动控制电路元件清单见表 5-1-1。

表 5-1-1　双速电动机自动控制电路元件清单

序号	名称	型号与规格	数量	单位
1	三相异步电动机	Y132S－4，7.5kW，380V，15.4A	1	台
2	熔断器	RT18－32，500V，配 32A 熔体	5	只
3	低压断路器	DZ47－60 D20，400V，20A	1	只
4	按钮	LAY3－11，2.5A，红色一只、绿色两只	3	只
5	接触器	CJ20－10，线圈 380V	3	只
6	热继电器	JR36－20，20A	1	只
7	时间继电器	JS7 系列通电延时	1	只
8	中间继电器	JZC1－44，线圈 380V	1	只
9	端子排	TB1510L，600V，15A，10 节或配套自备	1	条
10	木螺钉	ϕ3mm×20mm，ϕ3mm×15mm	若干	个
11	导线	BVR 2.5mm^2、BVR 1.5mm^2（颜色自定）	若干	m
12	保护接地线（PE）	BVR 1.5mm^2，黄绿双色线	若干	m

四、线路检修

1. 检查主电路

断开控制电路，按下 KM1 动触点，用万用表测量 QF 下端子 U11、V11、W11 任意两相间电阻，应分别为电动机 U1～V1、U1～W1、V1～W1 相间的电阻值。松开 KM1 动触点，万用表显示由通到断。

按下 KM3 动触点，重复上述测量，应分别为电动机 U2～V2、U2～W2、V2～W2 相间的电阻值。松开 KM3 动触点，万用表显示由通到断。

2. 检查控制电路

断开主电路，将万用表表笔接到 QF 下端子 0、1 号线上。

（1）低速运行

按下 SB2，测得 KM1 线圈电阻；松开 SB2，万用表显示由通到断。分别按下与松开 KM1 动触点，测量结果与前一结果相同。

（2）高速运行

再按下 SB3，用万用表测得值为 KA 与 KT 线圈电阻并联值。按下 KA 的动触点，测量结果与前一结果相同。

按下 KM2 的动触点，测得 KM2 和 KM3 线圈电阻并联值。

五、运行调试

电路需要进行功能调试，功能调试无误后，方可上电试车。

合上 QF，接通电源，按下 SB2 按钮，KM1 线圈得电，KM1 主触点闭合，电动机低速起动运转。

（1）高速控制

按下 SB3，KA、KT 线圈得电，时间继电器动作，延时一定时间，KM2、KM3 线圈得电，KM2、KM3 主触点闭合，电动机由低速切换到高速运行。

（2）停车控制

按下 SB1，电动机断电后惯性旋转至停止。

运行中，注意电动机的运行声音；若电动机运行异常，应立即停车检查后，方可再投入运行。

六、故障检测

故障现象：常见故障有电动机不能起动、电动机只能低速运转不能高速运转故障。

故障分析：对于电动机不能起动故障，与前面项目的检修方法类似，这里不再重复。下面主要针对电动机不能高速运转的故障进行分析。

（1）主电路

KM2 或 KM3 主触点闭合接触不良。

（2）控制电路

时间继电器 KT 不动作，中间继电器 KA 动合触点压合接触不良，接触器 KM1 动断触点接触不良，以及 KM2、KM3 线圈损坏等。

故障检修：在低速状态按下 SB3，观察 KM1、KM2 线圈是否得电。如果得电，则是主电路问题，检查 KM2、KM3 主触点；如果未得电，则检查时间继电器是否动作，检查时间继电器在 3 至 10 号线间的动合触点以及 KM1 在 10 至 11 号线间的动断触点。

如果 KM2 线圈得电、KM3 未得电，则检查 KM1 在 10 至 12 号线间的动断触点以及 KM2 在 12 至 13 号线间的动合触点。

活动二　双速电动机自动加速控制

【新课导入】

在前面所讲的双速电动机自动控制线路中，电动机速度的切换是通过按钮来控制的。但是在实际工作中，机床速度切换的时间点通过人为判断可能不准确，因此需要对线路进行改进，通过时间继电器实现自动加速控制。图 5-2-1 所示为双速电动机自动加速控制原理图。

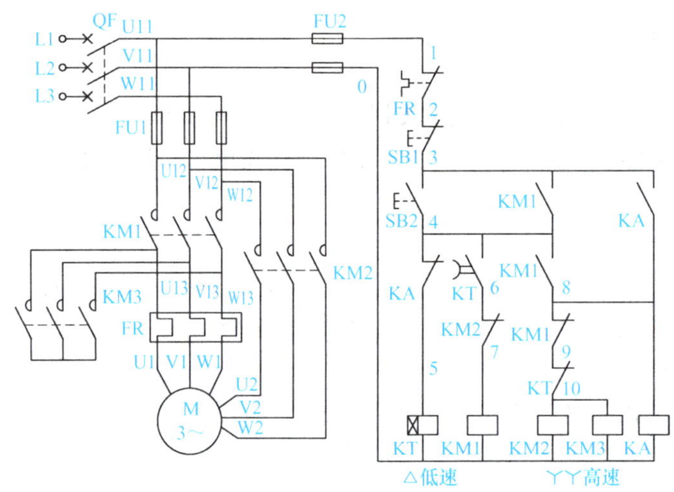

图 5-2-1　双速电动机自动加速控制原理图

讨论

如何实现双速电动机自动加速控制？它的好处有哪些？双速电动机如何实现调速？

【知识巩固】

一、原理分析

在双速电动机自动加速控制电路中，SB2 为起动按钮，SB1 为停止按钮。

合上 QF，按下 SB1，KT 线圈得电，KT 触点闭合，KM1 线圈得电，主触点闭合，电动机低速运转；KM1 动合触点闭合，KA 线圈得电，KA 动合触点闭合，动断触点断开，KT 线圈失电，KT 触点断电延时动作，KM1 线圈失电，KM2、KM3 线圈得电，KM2、KM3 主触点闭合，电动机高速运转。按下 SB1，KM2、KM3、KA 线圈失电，电动机停止运行。

二、元件材料

双速电动机自动加速控制电路元件清单见表 5-2-1。

表 5-2-1　双速电动机自动加速控制电路元件清单

序号	名称	型号与规格	数量	单位
1	三相异步电动机	Y132S－4，7.5kW，380V，15.4A	1	台
2	熔断器	RT18－32，500V，配 32A 熔体	5	只
3	低压断路器	DZ47－60 D20，400V，20A	1	只
4	按钮	LAY3－11，2.5A，红、绿色各一只	2	只
5	接触器	CJ20－10，线圈 380V	3	只
6	热继电器	JR36－20，20A	1	只
7	时间继电器	JS7 系列通电延时	1	只

（续）

序号	名称	型号与规格	数量	单位
8	中间继电器	JZC1－44，线圈 380V	1	只
9	端子排	TB1510L，600V，15A，10 节或配套自备	1	条
10	木螺钉	ϕ3mm×20mm，ϕ3mm×15mm	若干	个
11	导线	BVR 2.5mm^2、BVR 1.5mm^2（颜色自定）	若干	m
12	保护接地线（PE）	BVR 1.5mm^2，黄绿双色线	若干	m

三、线路检修

主电路的检查与前面电路类似，这里不再详细讲解。

下面介绍检查控制电路的方法。

断开主电路，用万用表表笔接 0、1 号端子。

（1）低速运行控制电路

按下 SB2，用万用表测量 KT 线圈电阻，松开 SB2，测得结果为断路。

按下 KM1 动触点，测得 KT 与 KA 线圈电阻并联值，松开 KM1，测得结果为断路。

（2）高速运行控制电路

按下 KA 动触点，重复上述测量，测得 KA 和 KM2、KM3 线圈电阻并联值。松开 KA，测得结果为断路。

（3）起动、停止控制电路

按下 SB2，测量 KT 线圈电阻值。再按下 SB1，万用表显示由通到断。按下 KM1 动触点，测得 KT 和 KA 线圈电阻并联值，再按下 SB1，万用表显示由通到断。

（4）KT 的控制作用

按下 SB2，测得 KT 线圈电阻值的同时，按下 KT 电磁机构的衔铁，测得 KT 和 KM1 线圈并联值。松开 KT，等待延时动断触点断开，万用表显示 KT 线圈电阻值。

（5）检查联锁电路

在 0、7 号端子之间测得 KM1 线圈电阻值，按下 KM2 动触点，万用表显示由通到断。在 0、9 号端子之间测得 KM2、KM3、KA 线圈电阻并联值，按下 KM1 动触点，测得 KA 线圈电阻。

四、运行调试

电路需要进行功能调试，功能调试无误后，方可上电试车。

合上 QF，接通电源。

（1）低速控制

按下 SB2 按钮，KM1、KT 线圈得电，电动机低速起动运转，时间继电器开始延时。

（2）高速控制

KM1 动合触点闭合，中间继电器 KA 得电吸合并自锁。KA 的动断触点断开，时间继电器 KT 断电。经延时，时间继电器 KT 延时断开的触点断开，KM1 失电释放，其主触点断开，解除△联结。同时由于 KM1 动断触点的闭合，KM2、KM3 得电吸合，其主触点闭合，电动机自动从△改变成双丫运行，完成自动加速过程，电动机由低速切换到高速运行。

(3) 停车控制

按下 SB1，KA、KM2、KM3 线圈失电，电动机断电后惯性旋转至停止。

运行中，若电动机运行异常，应立即停车检查后，方可再投入运行。

五、故障检测

故障现象：常见故障有电动机不能起动以及电动机只能低速运转不能高速运转故障。

故障分析：对于电动机不能起动故障，与前面项目的检修方法类似，这里不再重复。下面主要针对电动机不能高速运转故障进行分析。

(1) 主电路

KM2 或 KM3 主触点闭合接触不良。

(2) 控制电路：时间继电器 KT 不动作，KT 动断触点接触不良，KM1 动断触点接触不良、动合触点压合接触不良，以及 KM2、KM3 线圈损坏等。

故障检修：再按下 SB2，观察 KM2 线圈是否得电。如果得电，则检查 KM2 主触点；如果未得电，则检查时间继电器 KT 是否动作，检查 KT 动断触点以及 KM1 动断触点。

活动三　绕线转子电动机自动起动控制

【新课导入】

绕线转子三相异步电动机可以通过集电环在转子绕组中串接电阻来改善电动机的机械特性，从而达到减小起动电流、增大起动转矩以及调节转速的目的。图 5-3-1 为绕线转子电动机自动起动控制原理接线图。

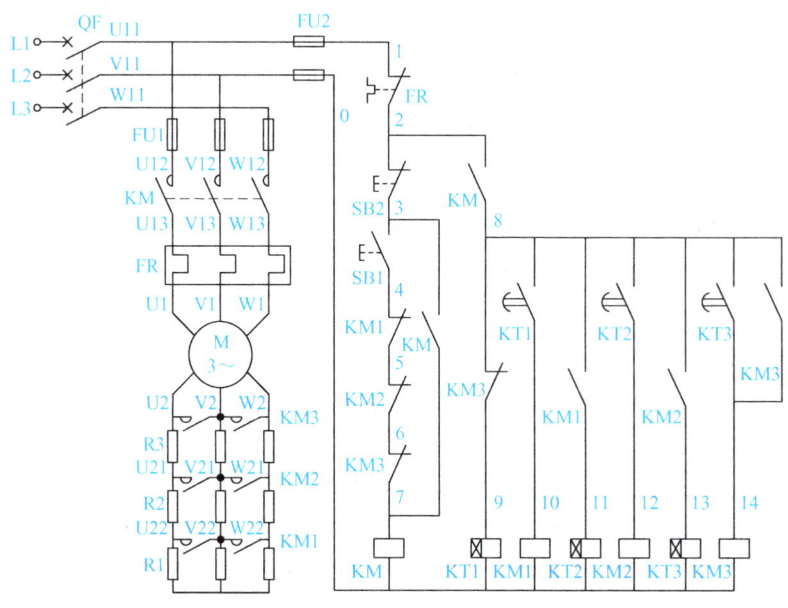

图 5-3-1　绕线转子电动机自动起动控制原理接线图

实际生产中，在一些要求生产机械起动转矩较大且能平滑调速的场合，需要采用三相绕线转子异步电动机。

讨论

如何实现绕线转子电动机自动起动控制？它的好处有哪些？主要运用于什么场合？

【知识巩固】

一、原理分析

在绕线转子电动机自动起动控制线路中，SB1 为起动按钮，SB2 为停止按钮。

合上 QF，按下 SB1，KM 线圈得电，KM 触点闭合，绕线转子串联全部电阻起动，KT1 线圈得电；KT1 延时闭合触点闭合，KM1 线圈得电，KM1 触点闭合，转子串联 R2、R3 电阻起动，KT2 线圈得电；KT2 延时闭合触点闭合，KM2 线圈得电，KM2 触点闭合，绕线转子串联 R3 电阻起动，KT3 线圈得电；KT3 延时闭合触点闭合，KM3 线圈得电，KM3 触点闭合，绕线转子切除电阻运行，KM3 动触点断开，辅助触点自锁，电动机继续运行。

二、元件材料

绕线转子电动机自动起动控制电路元件清单见表 5-3-1。

表 5-3-1　绕线转子电动机自动起动控制电路元件清单

序号	名称	型号与规格	数量	单位
1	三相异步电动机	Y132S－4，7.5kW，380V，15.4A	1	台
2	熔断器	RT18－32，500V，配 32A 熔体	5	只
3	低压断路器	DZ47－60 D20，400V，20A	1	只
4	按钮	LAY3－11，2.5A，红、绿色各一只	2	只
5	接触器	CJ20－10，线圈 380V	4	只
6	热继电器	JR36－20，20A	1	只
7	时间继电器	JS7 系列通电延时	3	只
8	端子排	TB1510L，600V，15A，10 节或配套自备	1	条
9	木螺钉	ϕ3mm×20mm，ϕ3mm×15mm	若干	个
10	导线	BVR 2.5mm^2、BVR 1.5mm^2（颜色自定）	若干	m
11	保护接地线（PE）	BVR 1.5mm^2，黄绿双色线	若干	m

三、线路检修

主电路的检查与前面电路类似，这里不再详细讲解。

下面介绍检查控制电路的方法。

断开主电路，用万用表表笔接 0、1 号端子。

（1）检查起动控制

按下 KM 动触点，使辅助触点闭合，用万用表测量 KT1、KM 线圈电阻并联值，松开

KM 触点，万用表显示由通到断；按下按钮 SB1，测得 KM 线圈电阻，松开按钮，线路由通到断。

（2）检查停车控制

按下 KM 动触点，测得 KM、KT1 线圈电阻并联值；同时按下 SB2，应测得 KT1 线圈的电阻值。

（3）检查辅助触点联锁电路

按下 SB1 不放，测得 KM 电阻值；再按下 KM1 动触点，万用表显示由通到断；松开 KM1，按下 KM2，万用表应显示由通到断；松开 KM2，按下 KM3，万用表显示由通到断。

四、运行调试

电路需要进行功能调试，功能调试无误后，方可上电试车。

合上 QF，接通电源，按下 SB1，KM 线圈得电，电动机串电阻低速起动运转。时间继电器动作，延时一段时间，自动切除三级电阻，电动机逐级加速运行。按下 SB2，电动机断电后惯性旋转至停止。

运行中，若电动机运行异常，应立即停车检查后，方可再投入运行。

五、故障检测

1. 故障 1：电动机不能起动

故障现象：按下起动按钮 SB1，电动机不能起动。

故障分析：

（1）主电路

FU1 断路、FR 主电路有断点、电动机绕组有故障。

（2）控制电路

FU2 断路，FR 动断触点接触不良，SB2 触点接触不良，KM1、KM2、KM3 动断触点接触不良，KM 线圈损坏。

故障检修：按下 SB1，观察 KM 线圈是否得电。如果得电，则是主电路问题，检查电动机绕组；如果未得电，则为控制电路问题，重点检查 FR 动断触点、SB2 以及 KM 线圈。

2. 故障 2：电动机不能全速运行

故障现象：电动机能起动，明显转速慢且不能全速运行。

故障分析：

（1）主电路

KM1、KM2、KM3 主触点闭合接触不良。

（2）控制电路

KT1、KT2、KT3 动合触点压合接触不良，KM1、KM2、KM3 触点接触不良，KM1、KM2、KM3 线圈损坏。

故障检修：按下 SB1，观察 KM 线圈是否得电。如果得电，则是主电路问题，检查电动机绕组；如果未得电，则为控制电路问题，重点检查 FR 动断触点、SB2 以及 KM 线圈。

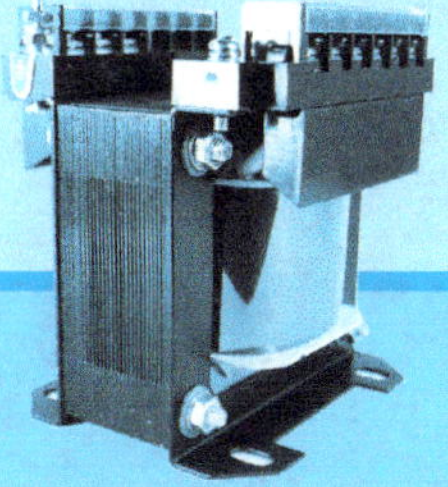

项目六

认识变压器

教学目标

知识目标

（1）了解常用变压器的分类；
（2）了解常用变压器的基本结构；
（3）概述变压器的运行特性及应用范围。

技能目标

（1）能正确区分变压器的种类及应用范围；
（2）能正确选用变压器并应用于实际项目。

情感目标

（1）培养学生善于思考的能力，激发学生学习的兴趣；
（2）培养学生严谨细致、一丝不苟的学习精神。

[活动指导]

活动一　变压器的工作原理及分类

【新课导入】

笔记本式计算机需要的电压为19V，家用插线板输出的电压为220V，因此要用适配器将220V电压变为19V，如图6-1-1a所示。

一般手机锂电池充电电压是4.2V，需要用充电插头将插线板的220V电压变为电池的额定电压，如图6-1-1b所示。

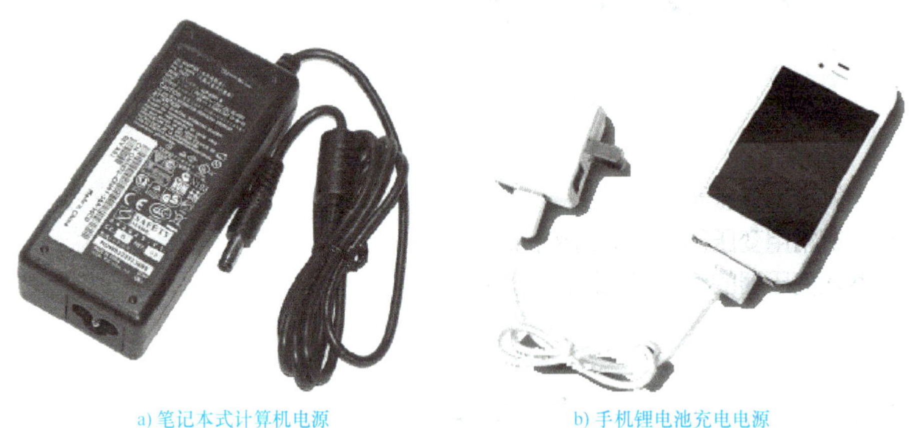

a) 笔记本式计算机电源　　b) 手机锂电池充电电源

图6-1-1　变压器应用实例

变压器是一种常见的静止电气设备，它利用电磁感应原理，将某一数值的交变电压转换为同频率的另一数值的交变电压。

变压器是电力系统中重要的电气设备。发电厂发出的电能经过升压变压器升压后，再经过高压输电线路远距离输送到用电区域，然后通过降压变压器将电压降到一定数值；最后再用配电变压器将电压降为用户所需的电压等级，给用户供电。

讨论

怎样才能达到上述要求呢？变压器的种类有哪些？变压器是怎么工作的？

【知识巩固】

一、工作原理

如图6-1-2所示，变压器是利用电磁感应原理工作的。设变压器一次绕组（俗称原边/

初级绕组）的匝数为 N_1，二次绕组（俗称副边/次级绕组）的匝数为 N_2，给变压器一次绕组通入交流电，在铁心磁路中会产生交变磁通，交变磁通分别在两个绕组中产生感应电动势 e_1 和 e_2。由于

$$e_1 = -N_1 \frac{\Delta\phi}{\Delta t}、e_2 = -N_2 \frac{\Delta\phi}{\Delta t}$$

因此

$$\frac{e_1}{e_2} = \frac{N_1}{N_2}$$

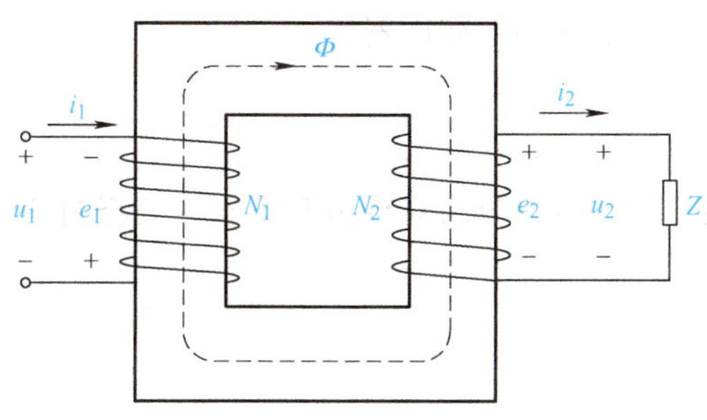

图 6-1-2　变压器工作示意图

变压器工作原理动画

改变一、二次绕组的匝数，就可改变电压。

结论：变压器利用电磁感应原理，将某一数值的交变电压变换为同频率的另一数值的交变电压。

二、变压器的分类

变压器种类很多，通常可按用途、绕组结构、相数、冷却方式等进行分类。图 6-1-3 为常见的两种变压器。

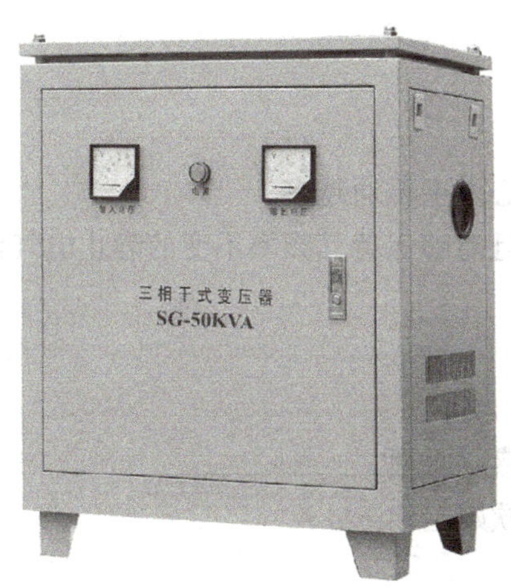

图 6-1-3　常见的两种变压器

1. 按用途分类

变压器按照用途不同，可以分为以下几种。

电力变压器：用作电能的输送与分配，分为升压变压器、降压变压器、配电变压器。

特种变压器：用于特殊场合，如电焊变压器、整流变压器。

仪用互感器：用于电工测量，如电流互感器、电压互感器。

控制变压器：用于小功率电源系统和自动控制系统，如电源变压器、输入变压器、输出变压器。

其他变压器：如调压变压器、差动变压器等。

2. 按绕组结构分类

变压器按照绕组结构不同，可以分为双绕组变压器、三绕组变压器、多绕组变压器、自耦变压器。

3. 按铁心结构分类

变压器按照铁心结构不同，可以分为心式变压器、壳式变压器。

4. 按相数分类

变压器按照相数不同，可以分为单相变压器、三相变压器、多相变压器。

5. 按冷却方式分类

变压器按照冷却方式不同，可以分为干式变压器、油浸式自冷变压器、油浸式风冷变压器、强迫油循环变压器和充气式变压器。

【知识考核】

一、判断题

1. 变压器一次、二次绕组中的电流越大，铁心中主磁通越多。 （ ）
2. 变压器是一种将交流电压升高或者降低并且能够保持其频率不变的静止电气设备。 （ ）

二、选择题

1. 变压器的基本工作原理是（ ）。
   A. 楞次定律　　B. 电磁感应原理
   C. 电流的磁效应　　D. 磁路欧姆定律
2. 关于变压器的叙述错误的是（ ）。
   A. 变压器可进行电压变换　　B. 变压器可进行电流变换
   C. 变压器可变换电源频率　　D. 变压器可进行阻抗变换

活动二 变压器的运行特性

【新课导入】

变压器（图 6-2-1）的运行特性主要包括外特性及效率特性。

图 6-2-1 变压器

变压器在负载运行时，一、二次绕组的内阻抗压降随负载变化而变化。负载电流增大时，内阻抗压降增大，二次绕组的端电压变化就大。变压器在传递功率的过程中，不可避免地要消耗一部分有功功率，即要产生各种损耗。衡量变压器运行性能的好坏，主要看二次绕组端电压的变化程度和各种损耗的大小，可用电压变化率和效率两个指标来衡量。

讨论

变压器有哪些特性？学习变压器的特性对于运用变压器有什么帮助？

【知识巩固】

一、变压器的外特性

当变压器电源电压 U_1 和负载功率因数 $\cos\varphi_1$ 等于常数时，二次端电压 U_2 随负载电流 I_2 的变化规律，即 $U_2=f(I_2)$ 曲线称为变压器的外特性曲线，如图 6-2-2 所示。

图 6-1-2 所示为变压器工作示意图，变压器负载运行时，由于变压器内部存在电阻和

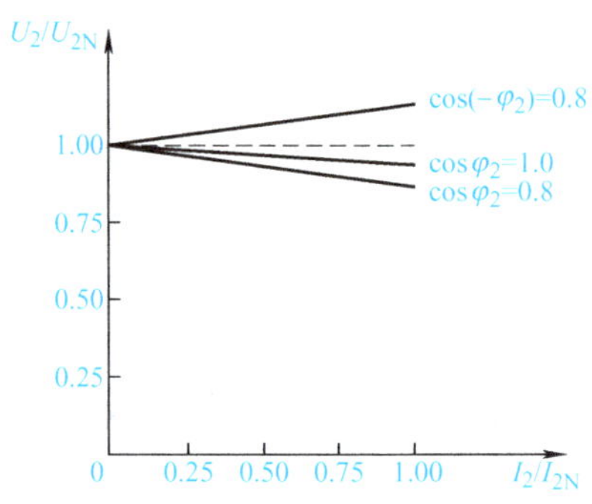

图 6-2-2　变压器的外特性曲线

漏抗，故负载电流在变压器内部产生阻抗压降，使二次端电压随负载电流的变化而发生变化。

变压器二次电压的大小不仅与负载电流的大小有关，还和负载的功率因数有关。

当变压器负载为纯电阻负载和感性负载时，外特性曲线是下降的；当为容性负载时，外特性曲线可能上扬。

二、电压调整率

1. 电压调整率

电压调整率是指一次侧加 50Hz 额定电压，二次空载电压与带负载后在某功率因数下的二次电压之差与二次额定电压的比值的百分数，即

$$\Delta U\% = \frac{U_{2N} - U_2}{U_{2N}} \times 100\%$$

电压调整率是表征变压器运行性能的重要指标之一，它的大小反映了供电电压的稳定性。

2. 电压调整

为了保证二次端电压在允许范围之内，通常在变压器的高压侧设置抽头，并装设分接开关，通过调节变压器高压绕组的工作匝数，来调节变压器的二次电压。

3. 分接开关形式

分接开关通常有两种形式：一种只能在断电情况下进行调节，称为无载分接开关，这种调压方式称为无励磁调压；另一种可以在带负荷的情况下进行调节，称为有载分接开关，这种调压方式称为有载调压。

【例题】 某三相电力变压器将 $U_{1N}=10000\text{V}$ 的高电压降压后对负载供电，要求变压器在额定负载下的输出电压 $U_2=380\text{V}$，该变压器的电压调整率 $\Delta U\%=5\%$，求该变压器二次绕组的额定电压 U_{2N} 及电压比 K_U。

解:

由式
$$\Delta U\% = \frac{U_{2N} - U_2}{U_{2N}} \times 100\%$$

可得
$$5\% = \frac{U_{2N} - 380\text{V}}{U_{2N}} \times 100\%$$

计算可得
$$U_{2N} = 400\text{V}$$

$$K_U = \frac{U_{1N}}{U_{2N}} = \frac{10000\text{V}}{400\text{V}} = 25$$

三、变压器的损耗

变压器的损耗主要是铁损耗和铜损耗两种。

1. 铁损耗

铁损耗包括基本铁损耗和附加铁损耗。

基本铁损耗为磁滞损耗和涡流损耗。附加铁损耗包括由铁心叠片间绝缘损伤引起的局部涡流损耗、主磁通在结构部件中引起的涡流损耗等。

铁损耗与外加电压大小有关，而与负载大小基本无关，故也称为不变损耗。

2. 铜损耗

铜损耗分为基本铜损耗和附加铜损耗。

基本铜损耗是电流在一、二次绕组直流电阻上的损耗；附加铜损耗包括因趋肤效应引起的损耗以及漏磁场在结构部件中引起的涡流损耗等。

铜损耗的大小与负载电流的二次方成正比，故也称为可变损耗。

四、变压器的效率及效率特性

变压器的效率是指变压器的输出功率与输入功率的比值。

$$\eta = \frac{P_2}{P_1} \times 100\% = \frac{P_2}{P_2 + \Delta P} \times 100\% = \frac{P_2}{P_2 + P_{Cu} + P_{Fe}} \times 100\%$$

效率大小反映变压器运行的经济性能的好坏，是表征变压器运行性能的重要指标之一。

变压器效率的大小与负载的大小、功率因数及变压器本身的参数有关。

在功率因数一定时，变压器的效率与负载电流之间的关系 $\eta = f(\beta)$ 称为变压器的效率特性。

当变压器的铁损耗等于铜损耗时，变压器的效率最高。通常用热轧硅钢片铁心制作的变压器的最高效率发生在 $\beta = 0.6 \sim 0.7$ 时，而用冷轧硅钢片铁心制作的变压器的最高效率发生在 $\beta = 0.3 \sim 0.5$ 时。图 6-2-3 为效率特性曲线。

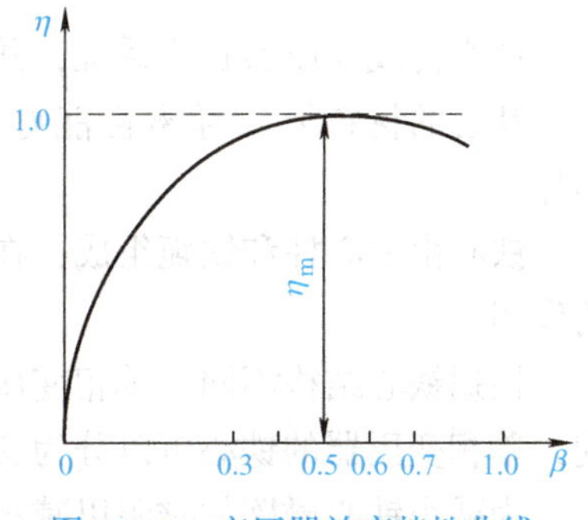

图 6-2-3 变压器效率特性曲线

【知识考核】

一、判断题

当电网电压偏低时，三相电力变压器的分接开关应接在额定匝数为 50% 的位置。（　　）

二、选择题

1. 三相电力变压器的效率一般在（　　）。

A. 50%　　B. 70%　　C. 85%　　D. 95% 以上

2. 变压器外特性是指当一次绕组电压和负载的功率因数一定时，二次绕组端电压与（　　）的关系。

A. 一次绕组电压　　B. 一次绕组电流

C. 二次绕组电流　　D. 功率因数

活动三　单相变压器的基本结构

【新课导入】

无论是单相变压器、三相变压器还是其他各类变压器，都主要由铁心和绕组（又称为线圈）两部分组成。

讨论

变压器由哪些结构组成？变压器各个部分起什么作用？

变压器结构原理动画

【知识巩固】

一、铁心

铁心构成变压器磁路系统，并作为变压器的机械骨架。其外形如图 6-3-1 所示。

铁心的材料要求导磁性能好，磁滞损耗及涡流损耗要尽量小，采用 0.35mm 厚的硅钢片。

铁心由铁心柱和铁轭组成，在铁心柱上套装变压器绕组，铁轭起连接铁心柱使磁路闭合的作用。

根据铁心结构不同，单相变压器可以分为心式变压器和壳式变压器。根据制作工艺的不同，单相变压器的铁心可以分为交叠式和卷制式。

为减小铁心磁路的磁阻以减小铁心损耗，要求装配时接缝处的空隙越小越好。

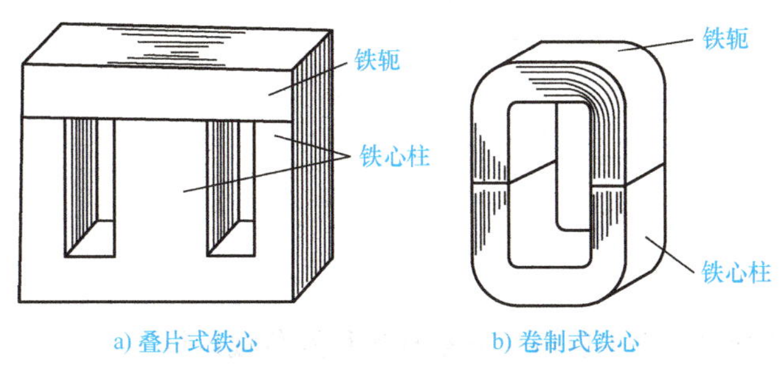

图 6-3-1 两种铁心的外形图

二、绕组（线圈）

变压器的线圈通常称为绕组，其外形如图 6-3-2 所示。

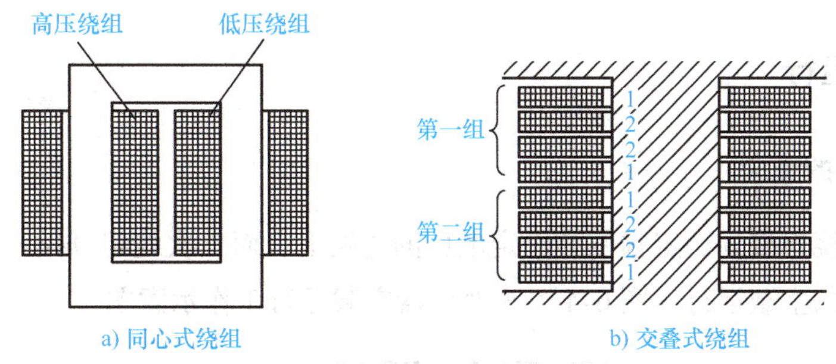

图 6-3-2 绕组外形图

变压器的绕组是变压器中的电路部分。小容量变压器的绕组一般用具有绝缘的漆包圆铜线绕制而成，容量稍大的变压器的绕组通常用扁铜线或扁铝线绕制而成。

在变压器中，绕组由低压绕组和高压绕组组成。其中高压绕组为接到高压电网的绕组，称为一次绕组；低压绕组为接到低压电网的绕组，称为二次绕组。

根据高、低压绕组的相互位置和形状，可将其分为同心式绕组和交叠式绕组。同心式绕组是将高、低压绕组同心地套装在铁心柱内，低压绕组在里，高压绕组在外，便于与铁心绝缘。交叠式绕组是最上层、最下层安放低压绕组，这样便于绝缘。

【知识考核】

一、判断题

1. 从导电角度出发，变压器铁心也可以用铜片或铝片制作。 （ ）
2. 变压器的绕组也可用铁导线制作以降低成本。 （ ）

二、选择题

变压器铁心采用硅钢片的目的是（ ）。

A. 减小磁阻和铜损耗　　B. 减小磁阻和铁损耗

C. 减小涡流损耗及磁滞损耗　　D. 减小磁滞损耗和矫顽力

活动四　单相变压器的运行原理

【新课导入】

研究变压器的运行原理，主要研究其空载运行及负载运行。

讨论

单相变压器的空载运行电路是怎样的？负载运行电路是怎样的？各有何特点？

【知识巩固】

一、空载运行

1. 空载运行的概念

变压器一次绕组接到额定频率和额定电压的电网上，而二次绕组开路，即 $I_2=0$ 的工作方式称为变压器的空载运行。图 6-4-1 为变压器空载运行工作示意图。

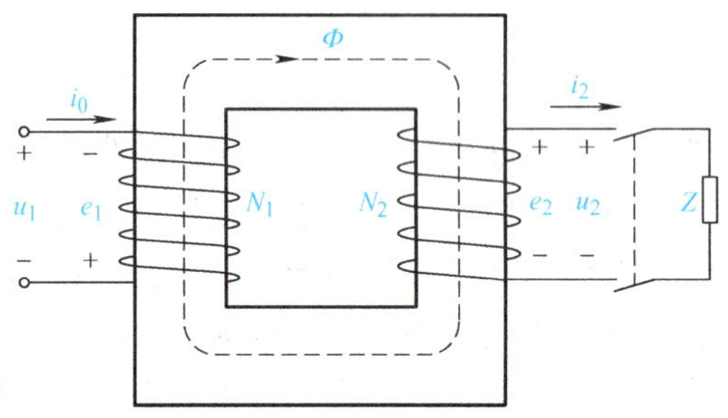

图 6-4-1　变压器空载运行工作示意图

2. 相关物理量的参考方向

变压器在交流电源上工作，通过变压器的电压、电流、磁通以及电动势的大小及方向随着时间不断变化。

1）电压参考方向：在同一支路中，电压的参考方向与电流的参考方向一致。

2）磁通参考方向：磁通的参考方向与电流的参考方向之间符合右手螺旋定则。

3）感应电动势的参考方向：交变磁通产生的感应电动势的参考方向与产生该磁通的电流参考方向一致。图 6-4-2 所示为右手螺旋定则。

3. 空载运行分析

空载时，在外加交流电压作用下，一次绕组中通过的电流称为空载电流。在空载电流的

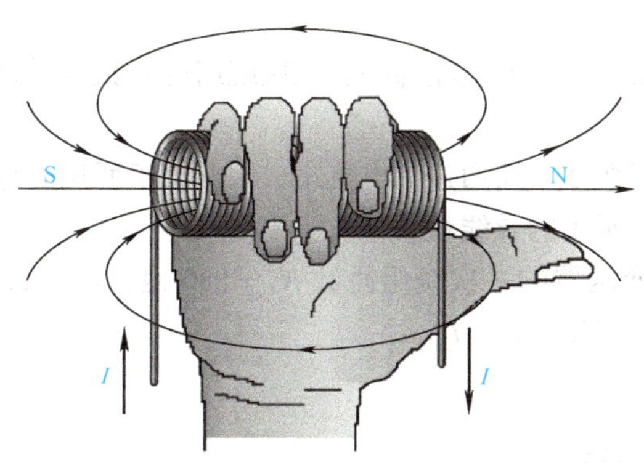

图 6-4-2 右手螺旋定则

作用下，铁心中产生交变磁通，主磁通通过一、二次绕组，将会产生感应电动势。通过计算，可得

$$\frac{U_1}{U_2}=\frac{N_1}{N_2}=K_U=K$$

其中，K 称为变压器的电压比。

说明：变压器一、二次绕组的电压与一、二次绕组的匝数成正比，即变压器具有变换电压的作用。通常，$K>1$ 时为降压变压器；$K<1$ 时为升压变压器。

对某台变压器而言，其交流电源的频率 f 及一次绕组匝数 N_1 均为常数，因此当加在变压器上的交流电压有效值 U_1 恒定时，则变压器铁心中的磁通 Φ_m 基本上保持不变。

【例题】 低压照明变压器的一次绕组匝数 $N_1=660$ 匝，一次绕组电压 $U_1=220\text{V}$，现要求二次绕组输出电压 $U_2=36\text{V}$，求二次绕组匝数 N_2 及电压比 K_U。

解：由

$$\frac{U_1}{U_2}=\frac{N_1}{N_2}=K_U=K$$

可得

$$N_2=\frac{U_2}{U_1}N_1=\frac{36}{220}\times 660\text{ 匝}=108\text{ 匝}$$

$$K_U=\frac{U_1}{U_2}=\frac{220}{36}\approx 6.1$$

二、负载运行

1. 负载运行的概念

变压器一次绕组接额定电压、二次绕组与负载相连的运行状态称为变压器的负载运行。

2. 负载运行分析

变压器负载运行

变压器的效率很高，因此可近似地将变压器的输出功率 P_2 与输入功率 P_1 看作相等，即

$$U_1I_1\approx U_2I_2$$

则

$$\frac{I_1}{I_2}\approx\frac{U_2}{U_1}=\frac{N_2}{N_1}=\frac{1}{K_U}=K_I$$

其中，K_I 为电流比。

说明：变压器一、二次绕组的电流与一、二次绕组的匝数成反比，即变压器具有变换电流的作用。

变压器高压绕组的匝数多，而通过的电流小，因此绕组所用的导线细；反之，低压绕组匝数少，通过的电流大，所用的导线粗。

【例题】 一台单相变压器的一次绕组匝数 $N_1=880$ 匝，$U_1=220V$，$I_1=0.167A$，电压比 $K_U=12$，求二次绕组的 N_2、U_2、I_2。

解：

$$U_2=\frac{U_1}{K_U}=\frac{220}{12}V\approx 18.33V$$

$$N_2=\frac{N_1}{K_U}=\frac{880}{12}匝\approx 73\ 匝$$

$$I_2=K_UI_1=12\times 0.167A\approx 2A$$

三、同极性端（同名端）

1. 同极性端的概念

当电流流入（或流出）两个线圈时，若产生的磁通方向相同，则两个流入（或流出）端称为同极性端。或当铁心中磁通变化时，在线圈中产生的感应电动势极性相同的两端为同极性端。用“•”表示。

如图 6-4-3 所示，A、a 端通入电流，磁通均向上，则 A、a 为同极性端。

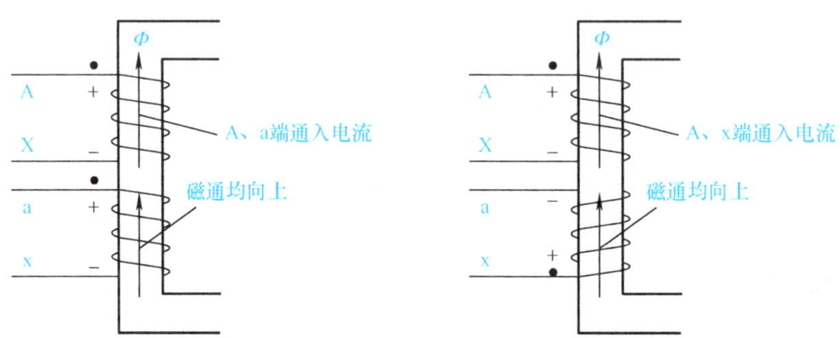

图 6-4-3 同极性端

2. 同极性端的测定方法

用交流法测定：将两个线圈的任意两端进行连接（比如 X－x），然后在 A－X 上加一低电压 u_{AX}，测量 U_{AX}、U_{Aa}、U_{ax}。

结论：若 $U_{Aa}=|U_{AX}-U_{ax}|$，说明 A 和 a 或 X 与 x 为同极性端，且

$$U_{Aa}=|U_{AX}+U_{ax}|$$

【知识考核】

一、判断题

1. 变压器一、二次绕组中的电流越大，铁心中主磁通越多。 （ ）
2. 变压器既可变换电压、电流、阻抗，又可变换相位、频率和功率。 （ ）
3. 从节能角度出发，变压器的电压化 K 取为 1 最好。 （ ）

二、选择题

1. 变压器二次绕组电流增大时，一次绕组电流（ ）。

A. 不变 B. 减小 C. 增大 D. 可增大，也可减小

2. 一台单相变压器 I_1 为 20A，I_2 为 200A，则电压化为（ ）。

A. 2 B. 10 C. 20 D. 40

3. 一台单相变压器 U_1 为 380V，电压比为 10，则 U_2 为（ ）V。

A. 380 B. 3800 C. 10 D. 38

4. 变压器运行时，在电源电压一定的情况下，当负载阻抗增加时，主磁通的变化是（ ）。

A. 不变 B. 减小 C. 增大 D. 可增大，也可减小

活动五 常用变压器

【新课导入】

在日常生活中，我们会用到一些变压器，如只有一个绕组的自耦变压器，交流弧焊机的主要组成部分电焊变压器等。

在高压大电流的电气设备和输电线路中，通常不能直接用仪表去测量其电压、电流及功率等，而需应用电压互感器将高电压降为低电压，用电流互感器将大电流变为小电流后再进行测量。这样可以使高电压与低电压隔离，以保证测量人员和仪表的安全，并可扩大仪表的量程，为测量仪表的标准化创造了条件。

讨论

日常生活生产中，会用到哪些常用的变压器？它们各自有何特点？

【知识巩固】

一、自耦变压器

1. 结构特点及用途

自耦变压器的二次绕组是一次绕组的一部分，一、二次绕组间既有磁的联系又有电的联系，如图 6-5-1 所示。

自耦变压器常用来连接两个电压等级相近的电力网，作为联络变压器之用。

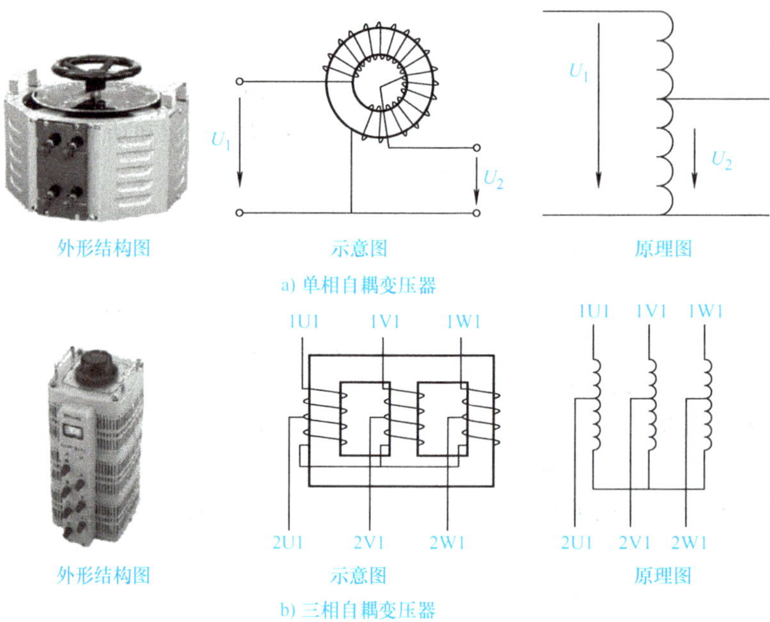

图 6-5-1　单相自耦变压器与三相自耦变压器

2. 电压、电流及容量的关系

自耦变压器是利用电磁原理工作的，其原理接线图如图 6-5-2 所示。

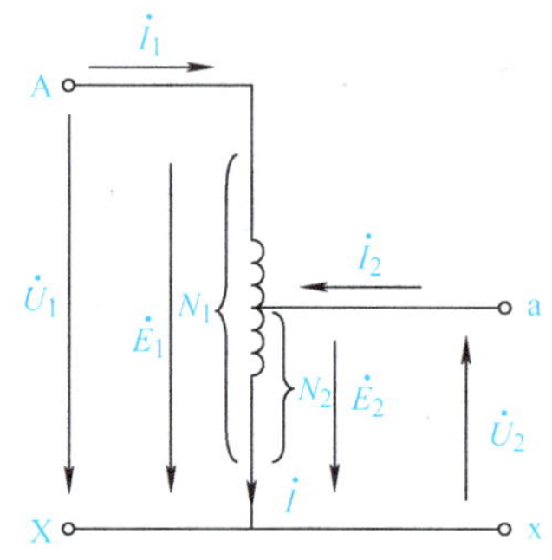

图 6-5-2　自耦变压器原理接线图

当一次绕组 A、X 两端加上交变电压 U_1 时，铁心中产生交变磁通，并分别在一次绕组及二次绕组中产生感应电动势，大小关系为

$$U_1 \approx E_1 = 4.44 N_1 f \Phi_m$$

$$U_2 \approx E_2 = 4.44 N_2 f \Phi_m$$

电压比为

$$K = \frac{E_1}{E_2} = \frac{N_1}{N_2} \approx \frac{U_1}{U_2}$$

变压器一、二次绕组中电流与一、二次绕组的匝数成反比，即

$$K=\frac{N_1}{N_2}=\frac{I_2}{I_1}$$

变压器的公共绕组的电流大小为

$$I=I_2-I_1$$

结论：自耦变压器的公共绕组中的电流总小于输出电流。当一、二次绕组电压之比接近于1时，公共部分绕组可用截面积较小的导线绕制，以节约用铜量，减小变压器体积与重量。

自耦变压器缺点：一、二次绕组的电路连在一起，高压侧的电气故障会波及低压侧。

使用自耦变压器时必须正确接线，且外壳必须接地，并规定安全照明变压器不允许采用自耦变压器。

二、仪用互感器

互感器是电力系统中一次电路和二次电路之间的联络元件，用以分别向测量仪表、继电器线圈供电，正确反映电气设备的正常运行和故障情况。从基本结构和工作原理来讲，互感器就是一种特殊变压器。图 6-5-3 所示为常用的三种仪用互感器。

使用仪用互感器目的：一是为了测量人员的安全，使测量回路与高压电网相互隔离；二是扩大测量仪表的测量范围。

图 6-5-3　常用仪用互感器

1. 电流互感器

电工测量中用来按比例变换交流电流的仪器称为电流互感器。

电流互感器有两个绕组，一次绕组串联在被测的交流电路中，流过的是被测电流，一般只有一匝或几匝；二次绕组匝数较多，与交流电流表相接。

使用注意事项：

1）二次绕组绝对不允许开路。

2）铁心及二次绕组的一端必须可靠接地。

2. 钳形电流表

如图 6-5-4 所示为钳形电流表外形图。

钳形电流表目前有指针式钳形电流表和数字式钳形电流表两类。

钳形电流表是由电流互感器和电流表组合而成的。

在捏紧扳手时电流互感器的铁心可以张开，这样被测电流所通过的导线可以不必切断就可穿过铁心张开的缺口，当放开扳手后铁心闭合。

使用注意事项：

1）使用时，应使被测导线处于窗口中央，否则会增加测量误差。

2）不确定电流值时，应将选档开关置于最大量程上，以防电流过大损坏表针。

图 6-5-4　钳形电流表外形图

3）如果被测电流过小，可将被测导线在钳口多绕几圈，然后将读数除以所绕匝数。

4）不允许测量不带绝缘层的裸导线。

5）测量时，保持与带电部分的安全距离，被测导线电压过高时，还应该戴绝缘手套和使用绝缘垫。

3. 电压互感器

电压互感器是用来按比例变换电压的仪器，其外形如图 6-5-5 所示。

图 6-5-5　电压互感器外形图

使用注意事项：

1）二次绕组绝不允许短路，如果二次绕组短路，将产生很大短路电流，导致电压互感器烧坏。

2）电压互感器的铁心及二次绕组的一端必须可靠接地，以保证安全。

3）电压互感器有一定的额定容量，使用时二次绕组回路不宜接入过多的仪表，以免影响电压互感器的测量准确度。

三、电焊变压器（弧焊变压器）

弧焊是通过电弧产生的热量熔化焊件接头处而实现焊接。电焊变压器外形如图 6-5-6 所示。

电焊变压器是作为焊接电源用的变压器。

使用要求如下：

1）为了保证焊接质量和电弧的稳定性，电焊变压器必须具有陡降外特性。

2）电焊变压器在空载时，应有一定的空载电压，通常 U_0 = 60～75V，以保证起弧容易；同时，为了操作者的安全，电压一般不超过 85V。

3）为了适应不同的焊件和不同的焊条，还要求能够调节焊接电流的大小。

图 6-5-6　电焊变压器外形图

4）电路电流不应过大，一般不超过额定电流的两倍，在工作中电流要比较稳定，以免损坏电焊机。

为了满足上述要求，电焊变压器必须具有较大的漏抗，而且可以进行调节。因此，电焊变压器的结构特点是：铁心的气隙比较大，一、二次绕组不是同心地套在一个铁心柱上，而是分装在不同的铁心柱上，再用磁分路法、串联可变电抗器法及改变二次绕组接法等来调节焊接电流。

串联可变电抗电焊变压器结构图如图 6-5-7 所示，主要由铁心绕组、可变电抗器两大部分组成。

为了满足对焊接电流的要求，串联可变电抗电焊变压器可调节活动铁心的位置，改变电抗器磁路中的空气隙，使电抗随之改变，以调节焊接电流。

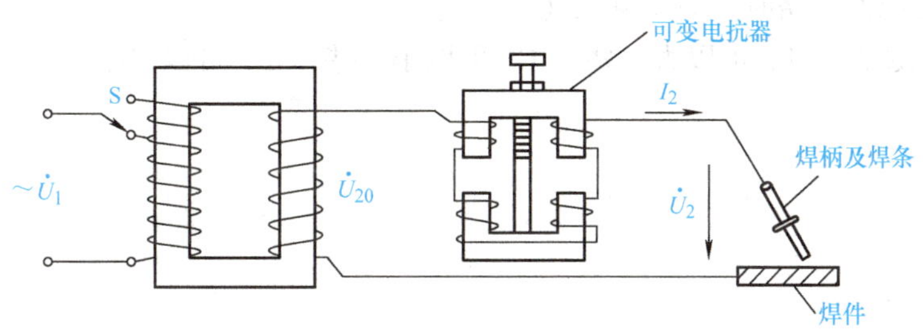

图 6-5-7　串联可变电抗电焊变压器结构图

【知识考核】

一、判断题

1. 电流互感器二次侧应设熔断器。（　　）
2. 电流互感器二次额定电流可以按需要设定。（　　）

3. 使用中的电压互感器的铁心和二次绕组的一端必须可靠接地。　（　　）

二、选择题

1. 一次绕组和二次绕组共用一个绕组的变压器称为（　　）。

A. 降压变压器　　B. 升压变压器　　C. 电力变压器　　D. 自耦变压器

2. 如果电流互感器的电流比为100/5，二次侧电流表的读数为4A，则被测电路的电流是（　　）。

A. 80A　　B. 40A　　C. 20A　　D. 10A

3. 一般电流互感器二次额定电流为（　　）。

A. 1A　　B. 5A　　C. 10A　　D. 15A

4. 在测量电路中使用型号为JDC－0.5的电压互感器，如果其电压比为10，电压表读数为45V，则被测电路的电压为（　　）。

A. 150V　　B. 100V　　C. 50V　　D. 25V

5. 一般电压互感器二次额定电压都规定为（　　）。

A. 200V　　B. 100V　　C. 50V　　D. 25V

6. 电流互感器运行时，（　　）。

A. 接近空载状态，二次侧不准开路　　B. 接近空载状态，二次侧不准短路

C. 接近短路状态，二次侧不准短路　　D. 接近短路状态，二次侧不准开路

7. 电压互感器运行时，（　　）。

A. 接近空载状态，二次侧不准开路　　B. 接近空载状态，二次侧不准短路

C. 接近短路状态，二次侧不准开路　　D. 接近短路状态，二次侧不准短路

8. 为了满足电焊工艺的要求，电焊变压器应具有（　　）的外特定。

A. 平直　　B. 陡降　　C. 上升　　D. 稍有下降

9. 为了适应电焊工艺的要求，电焊变压器的铁心应（　　）。

A. 有较大且可调的空气隙　　B. 有很小且不变的空气隙

C. 有很小且可调的空气隙　　D. 没有空气隙

10. 电焊变压器短路时，短路电流（　　）。

A. 不能过大　　B. 可以大一些　　C. 可以小一些　　D. 可以很小

活动六　三相电力变压器

【新课导入】

目前，世界各国使用的电能基本上都是由各类发电站发出的三相交流电能。发电站一般建在能源产地、江边、海边或远离城市的地区，因此，电能在向用户输送的过程中，不能将电厂的高压电直接通过线缆输送到用电场所，这时就要用到三相电力变压器进行电压变换，如图6-6-1所示。

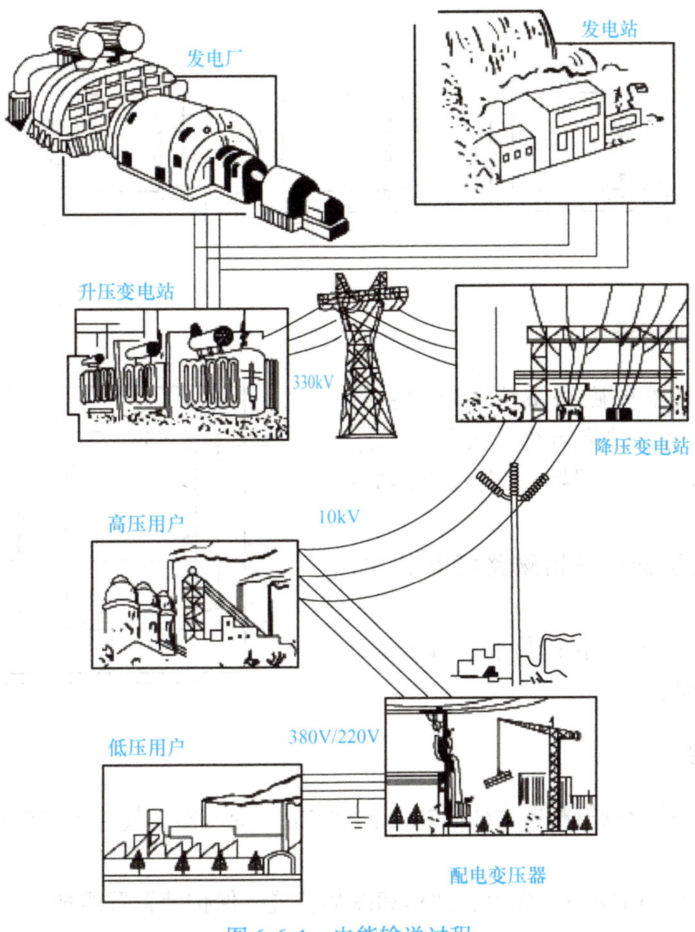

图 6-6-1 电能输送过程

讨论

电能从发电厂传输到用电设备，需要经历哪些过程？其中需要一个很重要的电气设备，是什么么？

【知识巩固】

一、磁路系统

1. 三相组式变压器

三相组式变压器示意图如图 6-6-2 所示。

三相组式变压器：由三个容量与结构完全相同的单相变压器组成。

三相组式变压器：每相都有自己独立的磁路，互不相关，各相的励磁电流在数值上完全相等。

三相组式变压器：制造容易，备用量小，但铁心用料多，占地面积大，只适用于超高压、特大容量的场合。

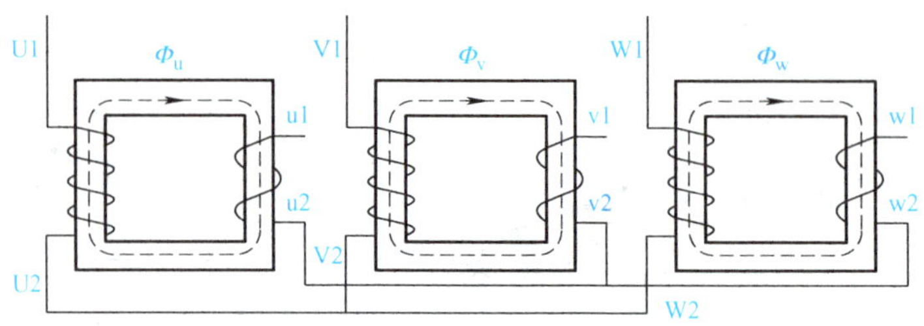

图 6-6-2　三相组式变压器示意图

2. 三相心式变压器

三相心式变压器的磁路系统中每相主磁路都要经另外两相的磁路闭合，故各相磁路彼此相关。三相心式变压器示意图如图 6-6-3 所示。

三相心式变压器：三相磁路相互关联，磁路长度不等。

三相心式变压器：节省材料，体积小，效率高，维护方便。

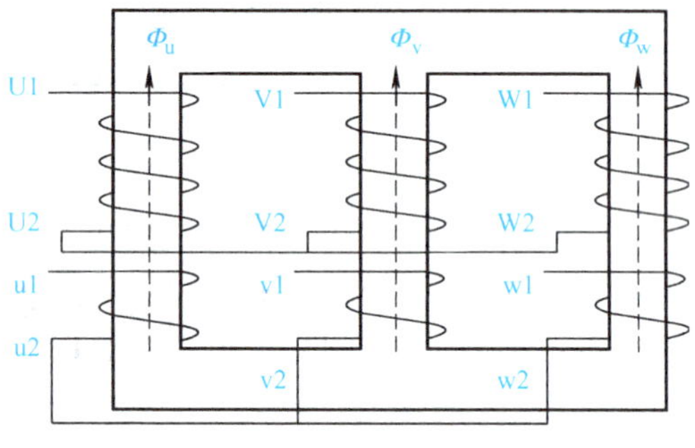

图 6-6-3　三相心式变压器示意图

二、组成结构

目前，使用最广泛的三相电力变压器是油浸式电力变压器。其外形结构及组成如图 6-6-4 所示。

三相电力变压器由铁心、绕组、油箱和冷却装置、保护装置等组成。

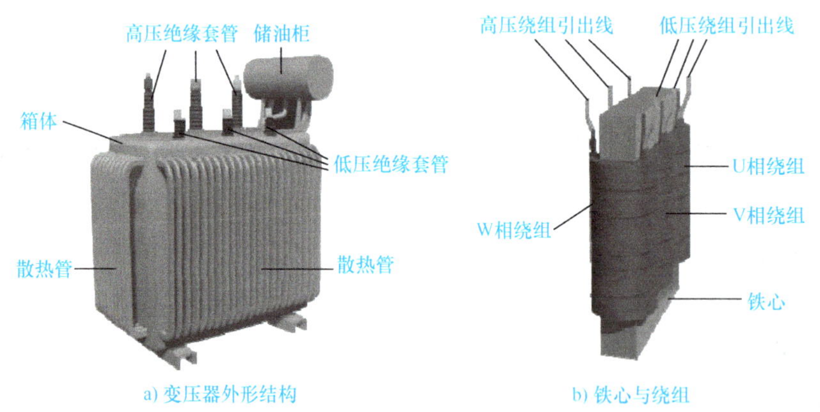

a) 变压器外形结构　　b) 铁心与绕组

图 6-6-4　三相电力变压器的外形结构及组成

1）铁心：铁心是三相变压器的磁路部分，通常采用心式结构、交叠式工艺，材料为冷轧晶粒取向硅钢片。

2）绕组：材料为绝缘纸包的扁铜（铝）线。

3）冷却装置：如图 6-6-4 中的散热管，新型变压器多采用片式散热装置、风冷或强迫油循环冷却装置。

4）其他附属设备：在三相电力变压器中，还有一些其他的附属设备，例如压力释放阀，是变压器的防爆装置，对变压器起到防爆保护作用；再比如绝缘套管，可作为引出线与油箱之间的绝缘部件。

三、铭牌

电力变压器的油箱上有一块铭牌，标志其型号和主要参数，作为正确使用电力变压器时的依据。图 6-6-5 为电力变压器铭牌。

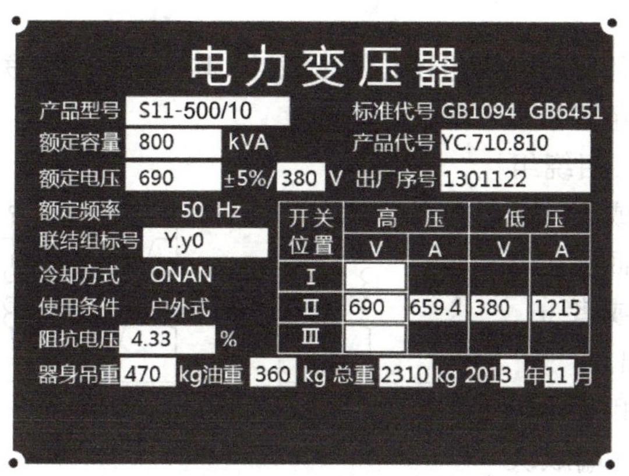

图 6-6-5 电力变压器铭牌

电力变压器型号含义如下：

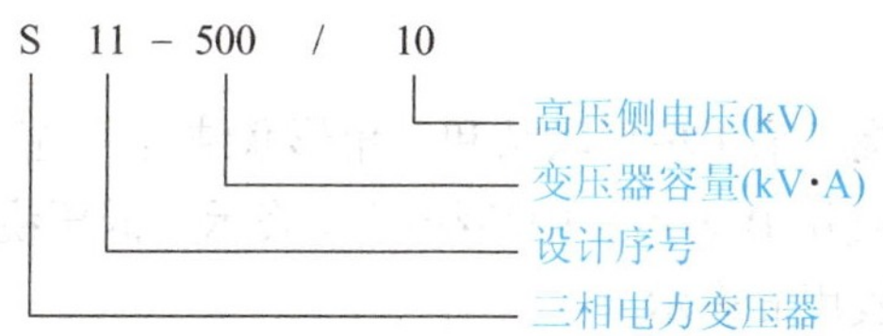

1）额定电压：额定电压分为高压侧额定电压和低压侧额定电压。

高压侧额定电压是指加在一次绕组上的正常工作的线电压值。

低压侧额定电压是指变压器空载时，高压侧加上额定电压后二次绕组两端的线电压值。

2）额定电流：额定电流是根据变压器容许发热的条件而规定的满载线电流。

3）额定容量：是指变压器在额定工作状态下，二次绕组的视在功率，其单位为 kV · A。

其中，单相变压器的额定容量为 $S_N = U_{2N}I_{2N}$；

三相变压器的额定容量为 $S_N = \sqrt{3}U_{2N}I_{2N}$。

4）阻抗电压：又称短路电压，标志在额定电流时变压器阻抗压降的大小，通常用阻抗电压与额定电压的百分比来表示。

四、联结组标号

1. 绕组的端头标号

电力变压器高、低压绕组的首末端都分别给予标记（见表 6-6-1），以供正确连接及使用变压器时识别。

表 6-6-1　绕组的首端和末端的标记

绕 组 名 称	单相变压器		三相变压器		中性点
	首端	末端	首端	末端	
高压绕组	U1	U2	U1、V1、W1	U2、V2、W2	N
低压绕组	u1	u2	u1、v1、w1	u2、v2、w2	n

2. 绕组联结方式

在电力变压器中，不论高压绕组还是低压绕组，均可采用星形联结及三角形联结两种方式。图 6-6-6 所示为绕组联结示意图。

星形联结：是将三相绕组的末端 U2、V2、W2 或者 u2、v2、w2 联结在一起，而把它们的首端 U1、V1、W1 或者 u1、v1、w1 分别用导线引出。

三角形联结：一相绕组的末端和另一相绕组的首端顺次连在一起构成一个闭合回路，从首端 U1、V1、W1 或 u1、v1、w1 导线引出。

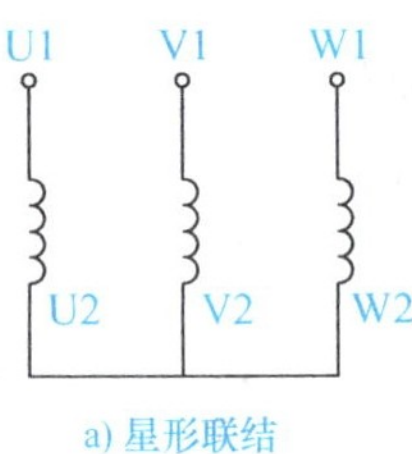

a) 星形联结

U1　V1　W1　U2　V2　W2

b) 三角形联结(逆序)

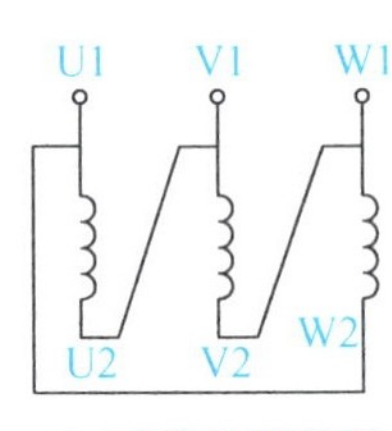

c) 三角形联结(顺序)

图 6-6-6　绕组联结方式示意图

3. 联结组标号

三相变压器高、低压绕组采用星形联结和三角形联结时，国家标准规定：高压绕组星形联结用 Y 表示，三角形联结用 D 表示，中性线用 N 表示；低压绕组星形联结用 y 表示，三角形联结用 d 表示，中性线用 n 表示。

目前我国配电用三相电力变压器最常用的联结组标号有：Y、yn0 和 D、yn11，其中数字表示联结组电压和二次绕组电压之间的相位关系，0 表示同相位，11 表示相位差 330°。

联结组标号可以采用时钟表示法：一次绕组的线电动势 E_{UV} 用长针代表，始终指向 12 点，二次绕组的线电动势 E_{uv} 用短针代表。

联结组标号的接线图、相量图、时钟表示图如图 6-6-7 所示。

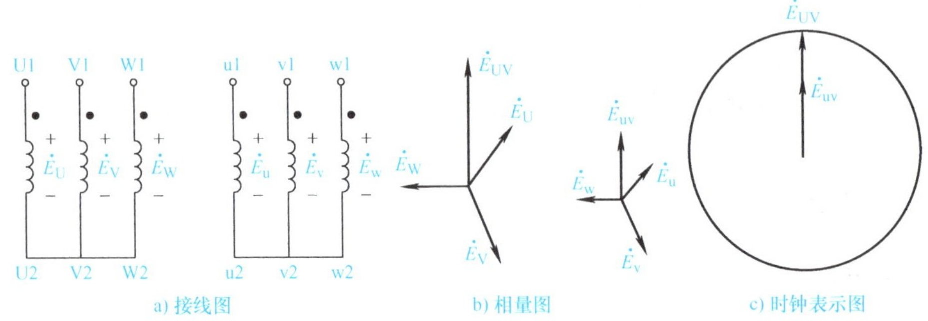

图 6-6-7　联结组标号的接线图、相量图、时钟表示图